예스 브레인 아이들의 비밀

THE YES BRAIN
by Daniel J. Siegel, M.D., and Tina Payne Bryson, Ph.D.

예스 브레인 아이들의 비밀
아이의 미래를 위한 기적의 뇌 과학 육아법

1판 1쇄 인쇄 2019. 10. 21.
1판 1쇄 발행 2019. 10. 28.

지은이 대니얼 J. 시겔 · 티나 페인 브라이슨
옮긴이 안기순

발행인 고세규
편집 이한경 | 디자인 윤석진
발행처 김영사
등록 1979년 5월 17일(제406-2003-036호)
주소 경기도 파주시 문발로 197(문발동) 우편번호 10881
전화 마케팅부 031)955-3100, 편집부 031)955-3200, 팩스 031)955-3111

값은 뒤표지에 있습니다.
ISBN 978-89-349-9912-6 03590

홈페이지 www.gimmyoung.com   블로그 blog.naver.com/gybook
페이스북 facebook.com/gybooks   이메일 bestbook@gimmyoung.com

좋은 독자가 좋은 책을 만듭니다.
김영사는 독자 여러분의 의견에 항상 귀 기울이고 있습니다.

이 도서의 국립중앙도서관 출판예정도서목록(CIP)은 서지정보유통지원시스템 홈페이지(http://seoji.nl.go.kr)와
국가자료종합목록 구축시스템(http://kolis-net.nl.go.kr)에서 이용하실 수 있습니다.
(CIP제어번호 : CIP2019035468)

아이의 미래를 위한 기적의 뇌 과학 육아법

예스 브레인
아이들의 비밀

대니얼 시겔 · 티나 브라이슨 지음 | 안기순 옮김

김영사

삶을 대하는 예스 브레인 접근 방법의 원리를 일깨워준
훌륭한 두 선생 알렉스와 매디에게 이 책을 바칩니다.

_대니얼 시겔

벤과 루크와 JP에게 이 책을 바칩니다. 세 아이와 함께
살아가서 기쁘고 그들이 세상에 선사한 빛에 감탄합니다.

_티나 브라이슨

나는 폭풍우가 두렵지 않아. 노 젓는 법을 배울 수 있으니까.

_루이자 메이 올콧 Louisa May Alcott, 《작은 아씨들 Little Women》

"나는 내 아이들이 행복과 안정된 정서, 학업 성취, 사교 기술, 단단한 자의식을 비롯해 정말 많은 걸 누리면 좋겠습니다. 그런데 대체 무엇부터 해야 할지 막막해요. 행복하고 의미 있는 삶을 살도록 도와주려면 어떤 자질에 가장 집중해야 할까요?"

가는 곳마다 비슷한 종류의 질문을 받는다. 부모는 아이가 어려운 상황에 부딪히더라도 문제에 잘 대처하고 훌륭한 결정을 내리도록 돕고 싶어 한다. 타인을 배려하고 돌보면서도 자신을 지키는 방법을 터득하기를 바란다. 독립적인 동시에 타인과 유익한 관계를 형성하기를 바란다. 또 상황이 뜻대로 돌아가지 않더라도 주저앉지 않기를 바란다.

휴! 자식을 위하는 부모의 요구 사항은 정말 많아서 부모인 동시에 아이들을 돕고 있는 전문가 입장에서 무거운 압박을 느낀다. 그렇다면 무엇에 초점을 맞춰야 할까?

그 대답을 찾기 위해 노력한 결과물이 바로 이 책이다. 부모는 아이가 네 가지 주요 강점을 지닌 '예스 브레인Yes Brain'을 발달시키도록 도울 수 있다.

- **균형**: 흥분해서 자제력을 잃지 않게끔 감정과 행동을 조절하는 능력
- **회복탄력성**: 삶에서 피할 수 없는 문제와 난관을 딛고 다시 일어서는 능력
- **통찰력**: 내면을 들여다보며 자신을 이해하고, 배운 점을 토대로 좋은 결정을 내리며 삶을 더욱 통제할 수 있는 능력
- **공감**: 타인의 관점을 이해하고, 적절하다면 상황을 개선하기 위해 행동을 취할 만큼 상대를 배려하는 능력

이 책에서는 예스 브레인 개념을 소개하고 아이에게 예스 브레인 자질을 발달시켜줄 뿐 아니라 중요한 생활기술을 가르칠 수 있는 실용적인 방법을 살펴보려 한다. 부모는 아이가 감정을 다스려 균형을 잡고, 역경에 맞닥뜨리더라도 회복탄력성을 끌어올려 헤쳐 나오며, 더욱 폭넓은 통찰력을 발휘해 자신을 이해하고, 타인을 더욱 배려하고 공감하며 자라도록 도울 수 있다.

과학에서 영감을 받아 발전시킨 접근 방법을 소개할 수 있어 정말 기쁘다. 이제 함께 예스 브레인을 향한 여정을 떠나보자.

대니얼과 티나

반갑습니다

Chapter 3

회복탄력성을 갖춘
예스 브레인

Chapter **6**
세상을 바라보는 새로운 관점

YES~

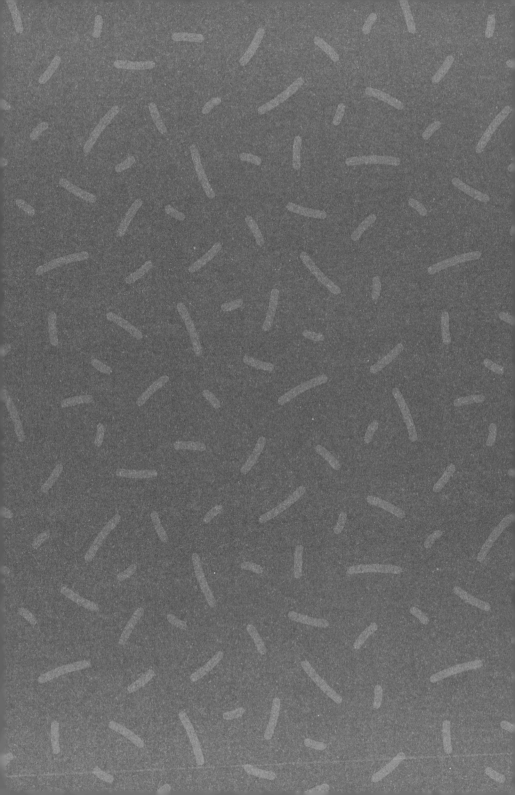

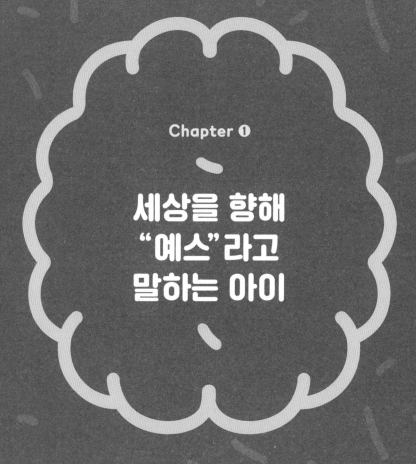

Chapter ①

세상을 향해
"예스"라고
말하는 아이

이 책을 쓴 목적은 아이들이 세상을 향해 "예스"라고 말할 수 있도록 돕기 위해서다. 또 새로운 도전과 기회, 자신의 현재 모습과 미래 모습에 마음을 열라고 격려하고 싶어서다. 한마디로 아이들에게 예스 브레인을 선물할 생각이다.

대니얼 시겔의 강연을 들어봤다면 다음 실험을 해봤을 것이다. 대니얼이 특정 단어를 반복해서 말하는 동안 청중은 눈을 감고 자신의 몸과 감정에 어떤 반응이 일어나는지 주의 깊게 살핀다. 대니얼은 다소 거친 목소리로 "노no"라고 반복해 말한다. 이렇게 "노"를 일곱 번 반복하고 나서 단어를 "예스yes"로 바꾼다. 이번에는 훨씬 부드러운 목소리다. 그런 다음 청중에게 눈을 뜨고 어떤 경험을 했는지 묘사하라고 요청한다. 청중은 '노'를 반복적으로 들었을 때는 가슴이 답답하면서 화가 나고 긴장되어 위축됐지만, 긍정적인 단어인 '예스'를 거듭 들었을 때는 마음이 탁 트이면서 평온하고 느긋하고 밝아졌다고 이야기했다. 안면 근육과 성대가 풀어지고, 호흡율과 심장박동수가 정상으로 돌아오고, 마음이 억눌리거나 불안정하거나 대립하지 않고 더욱 개방적인 태도를 보였다. (지금 잠시 책을 내려놓고 눈을 감은 채로 혼자 연습해보라. 또 가족이나 친구에게 도와달라고 부탁해서 처음에는 '노'라는 단어를, 다음에는 '예스'라는 단어를 반복해 듣고, 몸에 어떤 반응이 일어나는지 살펴보라.)

두 가지 다른 반응 즉 '예스 반응'과 '노 반응'을 살펴보면 이 책에서 설명하는 '예스 브레인Yes Brain'과 반대 개념인 '노 브레인No Brain'이 어떤 상태인지 이해할 수 있다. 두 개념을 전반적인 삶의 태도로 확대해 생각하면, 노 브레인 상태에서는 타인과 상호작용할 때 상대의 말에 거의 귀를 기울이지 않고 반발하거나, 현명하게 판단하지 못하거나, 타인을 배려하지도 타인과 좋은 관계를 맺지도 못한다. 살아남고 자신을 방어하는 데에만 매달려 몸을 사리느라, 새로운 세상과 소통하며 새로운 교훈을 배워야 하는데도 오히려 마음을 닫아버린다. 이때 신경계는 대응적reactive 반응인 '투쟁fight – 도피flight – 얼음freeze – 기절faint 반응'을 유발한다. 공격하고(투쟁), 회피하며(도피), 일시적으로 옴짝달싹 못 하고(얼음), 스스로 무너져서 완전히 무기력해진다(기절)는 뜻이다. 위협에 부딪혀 이 네 가지 대응적 반응이 나타나면 타인에게 마음을 열지 못하고, 대인관계를 제대로 형성하지 못하며, 상황에 유연하게 대처하지 못한다. 대응적인 노 브레인 상태에 빠지는 것이다.

그러나 예스 브레인은 노 브레인과 다른 뇌 회로를 활성화하며 대응성보다 수용성receptivity을 이끌어낸다. 과학자들은 타인뿐 아니라 자신의 내적 경험과 열린 마음으로 소통하는 신경 회로를 가리켜 '사회 참여 체계social engagement system'라고 부른다. 우리는 수용성과 능동적인 사회 참여 체계를 가동할 때 강력하고 명쾌하고 유연한 방식으로 훨씬 능숙하게 난관에 대처할 수 있다. 따라서 예스 브레인 상태에 있을 때는 마음을 열어 평정과 조화를 인식하며 새로운 정보를 흡수하고 소화해서 학습한다.

부모는 아이가 예스 브레인으로 사고하기를 바라고, 그래서 장애물과 새로운 경험을 만나더라도 무기력하게 주저앉지 않고 극복해, 학습할 수 있는 도전으로 받아들이는 법을 배우기를 바란다. 예스 브레인 사고방식으로 무장한 아이들은 더욱 유연하게 생각하고 타협에 개방적이며 기꺼이 기회를 잡아 탐색한다. 실수할까 봐 걱정하지 않고 호기심을 보이며 상상력을 발휘한다. 경직되고 완고한 성향이 적어 능숙하게 관계를 형성하고, 역경에

예스 브레인 상태

19

무릎 꿇지 않으면서 뛰어난 적응력과 회복탄력성을 보인다. 자신을 이해해 명쾌한 내면의 나침반이 가리키는 방향으로 결정을 내리며 타인을 대한다. 예스 브레인이 이끄는 대로 행동하고 배우면서 더욱 나은 사람으로 성장해간다. 감정적 평형 상태를 유지하면서 설사 상황이 뜻대로 돌아가지 않더라도 세상을 향해 "예스"라 말하고, 살아가며 겪는 모든 상황을 기꺼이 수용한다.

황홀한 메시지가 아닐 수 없다. 부모에게 아이의 이러한 유연성과 수용성, 회복탄력성을 키워줄 힘이 있다니. 부모에게는 아이에게 강인한 마음을 심어줄 정신력이 있다. 투지와 호기심을 키워준다는 강연에 아이를 참석시킬 필요도 없다. 아이의 눈을 들여다보며 오랫동안 진지하게 많이 대화하면 된다. 실제로 부모가 해야 할 일은 아이와 매일 상호작용하는 것뿐이다. 이 책에서 설명할 예스 브레인 원칙과 교훈을 마음에 새기기만 하면 앞으로 차를 태워 학교에 데려다주거나, 저녁식사를 하거나, 함께 놀이를 하거나, 심지어 말다툼을 벌일 때처럼 아이와 같이 있는 모든 시간을 활용해 아이가 환경에 반응하는 방식과 주위 사람과 상호작용하는 방식에 영향을 미칠 수 있다.

따라서 예스 브레인은 사고방식이나 세상에 접근하는 방법이 아니라 그 이상이다. 확실하다. 이를테면 아이에게 내적 지침을 제공해 열정을 쏟아 삶의 도전에 마주하도록 돕는다. 예스 브레인은 아이가 속속들이 강인해지기 위해 갖춰야 하는 기본 조건이다. 동시에 뇌가 특정 방식으로 개입하며 발생하는 신경 상태를 가리키기도 한다. 그러므로 뇌 발달에 관한 기본 세부 사항 몇 가지를 이해하면 아이의 예스 브레인 상태를 발달시키는 환경을 조성할 수 있다.

앞으로 설명하겠지만 예스 브레인 상태는 뇌의 전전두엽 피질이 관여하는 신경 활동으로 이루어진다. 전전두엽 피질은 여러 뇌 영역을 연결하고 고차원적인 사고를 다룰 뿐 아니라 호기심, 회복탄력성, 연민, 통찰, 열린 마음, 문제 해결, 도덕성까지 촉진한다. 아이들은 성장하고 발달하면서 전전두엽 피질의 기능에 접근하고 주의를 기울이는 법을 배울 수 있다. 관점을 바꾸어 설명하면 부모는 정신력을 뒷받침하는 중요한 신경 영역인 전전두엽 피질을 발달시키는 법을 아이에게 가르칠 수 있다. 결과적으로 아이는 내적 자극에 더욱 주의 깊게 귀를 기울이고, 더욱 나다워지는 동시에 감정과 몸을 더욱 잘 통제할 수 있게 된다. 이것이 바로 예스 브레인 상태이며, 아이나 어른을 막론하고 개방성·회복탄력성·공감·진실성으로 무장해 세상에 접근하도록 돕는 신경 상태를 가리킨다.

예스 브레인과 대조적으로 노 브레인은 뇌 영역을 서로 연결하는 전전두엽 피질보다는 뇌 하부에 있는 좀 더 원시적인 영역이 가동하므로 통합성이 떨어지는 상태에서 발생한다. 이것은 우리가 위협에 반응하거나 임박한 공격에 대비하는 방식이다. 따라서 강렬하게 반발하고, 호기심을 보이다가 곤경에 빠지거나 실수할까 봐 걱정하면서 방어적 태도를 취한다. 노 브레인 상태에서는 새로운 지식에 저항하거나 타인이 제시한 의견을 반박하면서 공격의 끈을 늦추지 않는다. 또한 공격과 거부라는 두 가지 방식으로 세상 문제에 맞선다. 완고함·불안·경쟁·위협의 관점에서 세상을 대하며, 어려운 상황에 대처하거나 자신이나 타인을 명쾌하게 이해하는 능력이 훨씬 떨어진다.

노 브레인 상태에 빠진 채 세상과 만나는 아이들은 상황과 감정에 휘둘린다. 감정을 처리하지 못하고, 감정에 붙들려 옴짝달싹하지 못하면서 건강하게 대응하는 방법을 찾지 못하고 현실을 불평한다. 개방성과 호기심을 지향하는 예스 브레인 상태가 되더라도 결정을 내리지 못하고, 새로운 도전에 부딪히거나 실수할까 봐 강박적으로 자주 두려워한다. 이처럼 노 브레인 상태에서는 완고함이 삶을 장악할 때가 많다.

가정에서 당신이 겪는 상황과 비슷한가? 아이를 키우는 부모라면 아마 그럴 것이다. 사실 노 브레인 상태에 갇히기는 어른도 매한가지다. 어른도 가끔씩 경직되거나 대응적인 태도를 취하지만, 그렇다는 사실은 인식할 수 있다. 따라서 부모는 예스 브레

예스 브레인 아이들의 비밀

인 상태를 벗어났을 때 더욱 빨리 돌아오는 방법을 터득하도록 아이를 도울 수 있다. 이때 특히 아이 스스로 할 수 있도록 도구를 제공하는 것이 중요하다. 노 브레인 상태에서 행동하는 경우는 어린아이가 좀 더 나이가 많은 아이나 어른보다 잦을 것이다. 주위를 대충 둘러봐도 노 브레인 상태를 자주 목격할 수 있다. 물이 가득 찬 욕조에, 그것도 자기가 텀벙 빠뜨려놓고서 하모니카가 젖었다면서 화를 내며 울어젖히는 세 살짜리 아이에게는 노 브레인 상태가 일반적이기도 하고 발달단계로도 맞다! 하지만 시간이 흘러 발달단계를 거치는 과정에서 부모는 아이들이 감정을 조절하고, 어려움을 딛고 다시 일어서고, 자신이 겪은 경험을 이해하고, 타인을 배려하는 능력을 발달시키도록 지지해줄 수 있다. 그러면 아이는 노 브레인 상태에서 벗어나 예스 브레인 상태로 들어갈 것이다.

잠깐 집 안 풍경을 들여다보자. 부모는 전자제품 전원을 끄라며 아이에게 잔소리를 늘어놓고, 아이는 반발하고, 형제자매와 싸우고, 학교 숙제를 하느라 끙끙대고, 제때 잠자리에 들지 않으려 한다. 이처럼 일상적으로 일어나는 상황에 아이가 더욱 잘 대처하면, 다시 말해 노 브레인 상태가 아니라 예스 브레인 상태로 대처하면 가정은 어떻게 바뀔까? 상황이 뜻대로 돌아가지 않더라도 경직성과 완고성이 줄어들어 감정을 더욱 잘 조절할 수 있

노 브레인 상태

예스 브레인 아이들의 비밀

다면 무엇이 달라질까? 새로운 경험을 두려워하지 않고 오히려 환영한다면? 자기감정을 더욱 명확하게 표현하고, 타인을 더욱 배려하고 공감한다면? 아이들은 얼마나 더 행복해질까? 가족 모두 얼마나 더 행복하고 평화로워질까?

이 책을 매개로 마음을 열어 세상에 참여하고, 진정한 자기 모습을 찾아가는 온전한 사람으로 성장할 수 있는 도구와 기회, 가능성을 제공해 아이들이 예스 브레인을 발달시키기를 바란다. 지금도 물론 우리는 이러한 방식을 사용해서 아이들이 정신력과 회복탄력성을 발달시킬 수 있도록 돕고 있다.

예스 브레인은 자유방임과 다르다

예스 브레인이 아닌 개념부터 명확히 가려내보자. 예스 브레인을 발달시키려면 아이에게 늘 예스라고 말하지 않는다. 아이를 방임하지도, 아이에게 항복하지도 않는다. 실망하지 않도록 보호하거나 어려운 상황에서 구출해주지도 않는다. 스스로 생각하지 못하고 부모의 말을 로봇처럼 따르도록 키우지도 않는다. 자신이 누구인지, 어떤 사람이 되어가고 있는지 깨닫고 실망과 패배를 극복해 관계와 의미로 가득한 삶을 선택할 수 있다는 사실을 깨닫도록 도와야 한다. 특히 이 책의 2장과 3장은 좌절과 패배를 삶의 중요한 부분으로 이해할 수 있는 환경을 조성하고, 그런 교훈을 배우는 동안 아이를 지지하는 태도가 중요하다고 설명한다.

결국 예스 브레인을 지향한다고 해서 항상 행복한 것은 아니며 어떤 문제나 부정적인 감정을 겪지 않는 것도 아니다. 이것은 예스 브레인의 핵심과 전혀 다르다. 예스 브레인은 삶의 목표가 아닐뿐더러 실제로 가능하지도 않다. 예스 브레인은 우리를 완벽한 상태나 낙원으로 이끄는 것이 아니라 삶의 도전에 부딪히는 와중에도 즐거움과 의미를 찾는 능력을 끌어낸다. 심지가 굳고, 자신을 이해하고, 교훈을 배워 유연하게 삶에 적용하고, 목적의식을 헤아리며 살아가게 해준다. 어려운 상황을 버텨낼 뿐 아니라 더욱 강하고 현명한 사람으로 성장하도록 도와준다. 삶에서 더 많은 의미를 찾게 하고 내적 생명력을 키우며, 타인 그리고 세상과 관계를 맺도록 독려한다. 즉 관계를 맺는 삶을 지향하며 자신의 참모습을 깨닫고 그대로 살아가게 해준다.

평정심을 발휘하는 능력, 다시 말해 노 브레인 상태에서 벗어나 예스 브레인 상태로 복귀하는 기술을 배운 아이는 회복탄력성의 주요 요소를 갖춘 셈이다. 고대 그리스어에는 예스 브레인 상태처럼 의미, 유대, 평정으로 이루어지는 행복을 뜻하는 단어가 있다. 바로 에우다이모니아eudaimonia다. 에우다이모니아는 부모가 줄 수 있는 선물 가운데 아이의 역량을 최대로 끌어올리면서 가장 오래 지속되는 선물이다. 부모는 아이에게 지지를 보내는 동시에 그 과정에서 아이가 기술을 습득하고 독립적인 개체로 성숙하면서 성공적인 삶을 살도록 준비시킬 수 있다. 물론 부모 스스로 예스 브레인을 발달시켜야 가능하다.

현실을 직시하자. 아이들은 노 브레인 세상에서 자라고 있다. 규칙과 통제, 표준화 시험, 주입식 암기, 획일적인 훈육 방법이 지배하는 전통적인 학교생활을 보라. 어디 이뿐인가! 하루 여섯 시간, 일주일에 닷새, 일 년에 아홉 달을 학교에서 보내야 하지 않는가? 끔찍하다. 게다가 낮에는 많은 부모가 강요하는 '능력계발' 수업, 개인 과외, 기타 활동 등 빼곡한 일정을 소화하느라 전혀 짬을 내지 못해 밤늦도록 숙제와 씨름하다가 잠도 제대로 자지 못한다. 이게 다가 아니다. 시각과 청각을 자극해 그리스인이 말한 헤도니아hedonia, 즉 일시적 쾌락을 부채질하는 강렬한 디지털 미디어까지 합세해 하루 종일 아이들의 주의를 사로잡는다. 따라서 현대에 들어 의미, 유대, 평정이 조화를 이루는 에우다이모니아를 달성해서 진정한 지속적인 행복을 알려주고 역량을 키워주려면 예스 브레인 상태를 발달시키는 것이 특히 중요하다.

디지털 미디어에 주의를 빼앗기고 바쁜 일정을 보내다 보면 예스 브레인 사고를 점화하지 못하고 가끔은 해치기까지 한다.

디지털 미디어는 실제로 풍요로운 경험을 보여줄 수도 있고, 필요악이 될 수도 있다(국가를 초월해 전 세계적으로 일부 교육가들이 숙제, 수업시간표, 훈육 등의 영역에서 이러한 현상에 도전하는 고무적인 작업을 실천해 입증하듯, 일반적으로 용인되고 있는 교육 관행의 필요성에 관해서는 의구심이 든다). 물론 아이들은 일과를 관리하고, 일정에 따르고, 반드시 재밌거나 유쾌하지 않더라도 과업을 완수하는 법을 배워야 한다. 그래야 한다고 이 책에서도 누누이 강조할 것이다. 전달하고 싶은 요점은 이렇다. 아이가 깨어 있는 동안 노 브레인 작업이나 활동에 참여하는 시간의 양을 고려하면, 가능할 때마다 예스 브레인 상호작용을 시도하기 위해 노력하는 태도가 훨씬 중요해진다. 가정을 예스 브레인 접근 방법을 일관성 있게 강조하고 우선하는 곳으로 바꿔야 한다.

예스 브레인을 벗어난 개념은 더 있다. 예스 브레인 상태를 유지해야 한다고 해서 부모가 완벽해져야 한다거나 아이를 망쳐놓는 일을 절대 피하라고 압박하는 것은 아니다. 약간 긴장을 풀라는 뜻이다. 아이가 완벽할 필요가 없듯 부모도 그렇다. 조금 느긋하게 생각하자. 최대한 아이 편에 서서 되도록 감정을 표현하고, 발달 과정 내내 지지하면서 발달할 수 있는 여지를 주자.

우리가 쓴《내 아이를 위한 브레인 코칭The Whole-Brain Child》과《아이의 인성을 꽃피우는 두뇌 코칭No-Drama Discipline》을 읽었다면 두 책에서 제시한 주장을《예스 브레인 아이들의 비밀The Yes Brain》에서 계속하는 동시에 확장하고 있다는 사실을 곧 알 수 있을 것이다. 이 세 책이 집중적으로 전달하는 메시지는 무엇인가? 부모가 아이와 어떻게 의사소통하는지, 어떤 본을 보이는지, 어떤 종류의 관계를 형성하는지를 포함해 아이가 겪는 모든 경험이 아이의 뇌, 즉 삶에 막대하게 영향을 미친다는 것이다. 《내 아이를 위한 브레인 코칭》에서는 아이의 뇌와 관계에서 통합을 의도적으로 증가시키는 것이 중요하다고 설명했다. 그래야 아이들이 온전히 자신이 되는 동시에 의미 있는 방식으로 주위 사람과 관계를 형성할 수 있다.《아이의 인성을 꽃피우는 두뇌 코칭》에서는 아이가 보이는 행동의 층을 벗겨내 그 밑에 숨은 마음을 보고, 훈육이 아이를 가르치고 기술을 습득시킬 수 있는 기회라는 사실을 이해하는 데 초점을 맞췄다.

이 책에서는 이러한 개념에서 한발 더 나아가, 아이가 누리면 좋겠다고 부모가 소망하는 세상을 살기 위해 아이가 전반적으로 어떤 경험을 해야 하는지 묻고, 해당 개념들을 적용해 대답을 찾으려 한다. 또한 아이마다 다른 예스 브레인 상태를 인식하고 발달시키는 새로운 방법을 제시하려 한다. 그러면 아이만의 고유한 내면의 불꽃을 일으키고 퍼뜨려, 자아와 주위 세상에 대한 인식을 밝히고 북돋울 수 있다. 또 뇌에 관한 최첨단 과학과 연구를 소개하고, 여기에서 수집한 정보를 아이와 맺는 관계에 적용하도록 도울 것이다. 이 책의 내용을 따르려면 현재의 생각과 행동을 바꿔야 할 수 있고 어느 정도 훈련이 필요할 수 있다. 부모와 아이의 관계 및 아이의 발달에 영향을 미치기 위해 당장 실천할 수 있는 사항은 많다. 부모는 매일 현실적인 문제에 부딪힌다. 몸과 마음이 지치고, 텔레비전 시청 시간과 잠자리에 드는 시간을 놓고 실랑이를 벌이고, 실패와 새로운 경험에 겁을 먹고, 아이의 숙제 때문에 신경이 곤두선다. 융통성 없는 완벽주의, 외고집, 형제자매끼리의 다툼 때문에 괴롭다. 하지만 단지 예스 브레인의 근본 원칙 몇 가지만 이해해도 매일 발생하는 문제에 대처할 수 있고, 아이에게 오래 지속되는 기술을 개발해주어 풍부하고 의미 있는 삶을 살도록 역량을 강화해줄 수 있다.

이 책은 부모를 대상으로 쓰기는 했지만 아이를 사랑하고 염려하는 사람이면 누구나 활용할 수 있다. 여기에는 할아버지와 할머니, 교사, 심리치료사, 육아코치를 포함해 아이들이 온전히 성장할 수 있도록 돕는 즐거운 책임을 진 사람들을 모두 포함한다. 정말 많은 어른들이 힘을 합해 아이를 사랑하고 이끌며, 예스 브레인의 근본 원칙을 소개하고 있는 것에 감사한다.

통합적이고 '유연한' 뇌

지금까지 이야기했고 책의 나머지 부분에서 설명할 내용은 뇌에 관한 최신 연구에 근거한다. 우리는 세계적으로 여러 학문 분야를 아우르며 연구 중인 대인관계 신경생물학interpersonal neurobiology, IPNB이라는 렌즈를 통해 부모의 양육 과제를 살펴보려 한다. 이 책의 공저자 대니얼 시겔이 창간 편집장으로 있는 〈대인관계 신경생물학 노턴 시리즈the Norton Series on Interpersonal Neurobiology〉는 수만 권의 과학 분야 참고문헌을 인용한 서적 50권 이상을 발간해온 전문 간행물이다. 그러므로 당신이 우리만큼 외골수 면모가 있거나, 대인관계 신경생물학 이면에 있는 적나라한 과학을 탐구해보고 싶다면 최적의 참고자료가 될 것이다. 하지만 반드시 신경생물학을 공부해야만 부모와 아이의 관계를 개선하는 데 유용한 대인관계 신경생물학의 기본이론을 이해할 수 있는 것은 아니다.

대인관계 신경생물학은 이름에서 예상할 수 있듯이 대인관계의 관점에서 신경생물학을 연구한다. 간단하게 말해 마음, 뇌, 관계가 어떻게 상호작용해서 우리 모습을 형성하는지 설명하는 학문으로서, '웰빙well-being의 삼각형'으로 요약할 수 있다. 이 학문은 인간의 상호관계에서 발생하는 개인끼리의 뇌 연결은 물론

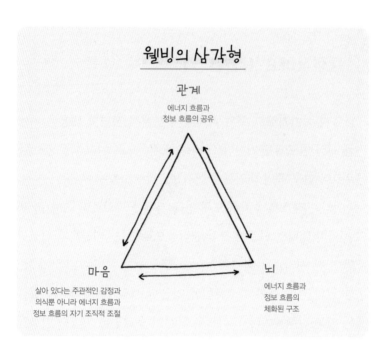

웰빙의 삼각형

관계
에너지 흐름과
정보 흐름의 공유

마음
살아 있다는 주관적인 감정과
의식뿐 아니라 에너지 흐름과
정보 흐름의 자기 조직적 조절

뇌
에너지 흐름과
정보 흐름의
체화된 구조

한 개인의 뇌 속 연결을 연구한다.

대인관계 신경생물학을 이끄는 주요 개념은 통합이다. 통합은 분화된 부분이 조정을 거쳐 전체로 작용할 때 발생한다. 뇌는 각기 다른 기능을 맡은 여러 부위로 구성된다. 우선 좌뇌와 우뇌, 상위 뇌와 하위 뇌, 감각 뉴런, 기억 센터, 언어·감정·운동제어 같은 기능을 담당하는 다양한 회로 등이 있다. 이처럼 자체적으로 책임과 역할을 맡은 각기 다른 뇌 부위가 팀으로, 즉 조정된 전체로서 함께 기능하면 뇌가 통합되어 각 영역이 따로 기능할 때보다 훨씬 큰 효율성을 보이며 더 큰 성과를 거둘 수 있다. 전뇌 양육의 중요성을 여러 해 동안 강조해온 것도 이 때문이다. 우리는 아이들이 전뇌를 발달·통합시켜 구조적으로도(뉴런을 통한 신체적 연결성을 뜻한다) 기능적으로도(함께 작용하거나 기능하는 방식을 뜻한다) 서로 다른 뇌 영역을 더욱 긴밀하게 연결하도록 돕고 싶다. 이처럼 구조와 기능의 통합은 개인의 전반적인 웰빙을 결정하는 열쇠다.

가장 최근에 진행되는 신경과학 연구는 통합된 뇌의 중요성을 부각하고 있다. 휴먼 커넥톰 프로젝트Human Connectome Project에 관해 들어보았는가? 인간 뇌를 연구하기 위해 미국 국립보건원NIH이 생물학자·의사·컴퓨터과학자·물리학자를 동원한 대형 프로젝트다. 이 연구에서 성인 200명 이상의 건강한 뇌를 조사한 결과 중 하나가 우리의 주장과 특히 일치한다. 인간은 행복, 몸과 마음의 건강, 학업과 경력의 성취, 관계상 만족 등 살아가며 달성하고 싶은 긍정적인 목표를 세운다. 연구에 따르면 달성 가능 여부를 가장 잘 예측하게 하는 변수가 바로 통합된 뇌다. 통합된 뇌는 커넥톰(뇌 신경세포의 연결지도 – 옮긴이)의 상호연결 방식을 반영하며, 분화된 뇌 영역들이 얼마나 긴밀하게 연결되어 있는지를 가리킨다.

다른 방식으로 표현해보자. 아이가 의미 있고 성공적인 삶을 살 수 있는 인간으로 성장하도록 돕고 싶다면 뇌를 통합하는 방향으로 지원하는 것이 최선이다. 우리는 이를 위해 실용적인 방법을 많이 써왔고, 이 책도 이러한 노력의 일환이다. 부모, 조부모, 교사, 양육자는 사랑하는 아이에게 중요한 뇌 연결을 이루는 경험을 제공할 수 있다. 물론 아이마다 전부 다르기 때문에 온갖 상황에 일률적으로 적용할 수 있는 묘책은 없다. 하지만 목표를 두고 노력하며 뇌 영역을 구조적·기능적으로 연결해 뇌 속에서 서로 소통하고 협력하게 함으로써, 긍정적인 결과를 산출하도록 도울 수는 있다.

예스 브레인은 뇌 자체에 존재하는 구조적 연결성을 증진하는 통합된 뇌 기능 상태다. 부모가 예스 브레인 상태를 북돋우며 아이와 상호작용하면 통합된 뇌를 더욱 키워가도록 역량을 강화할 수 있다.

통합이 그토록 중요한 이유는 쉽게 이해할 수 있다. 머리글자를 따서 만든 FACES를 사용해서 통합된 뇌의 특징을 설명하겠다.

상호연결성과 통합성을 토대로 많은 부위가 조정되고 균형을 이루면, 전체로 작용하는 뇌는 더욱 유연하고, 적응력 있고, 활기차며, 안정적인 상태가 된다. 결과적으로 뇌가 통합된 아이는 상황이 뜻대로 돌아가지 않을 때 더 잘 대처할 것이다. 그래서 상황과 감정에 휘둘리는 반응적인 위치에서 세상에 대응하지 않고,

통합된 뇌의 FACES

FLEXIBLE   유연성

ADAPTIVE   적응성

COHERENT   일관성

ENERGIZED   활기

STABLE   안정성

수용적인 태도를 취하며 다양한 환경에 도전하는 방법을 자발적으로 결정할 수 있다. 아이들은 이러한 방식으로 내적 목적과 내적 추진력은 물론 자신을 이끌어줄 내면의 나침반을 준비한다. 이것이 바로 예스 브레인 상태이며, 이로써 아이들은 더욱 바람직한 결정을 내리고, 타인과 더욱 원활한 관계를 형성하며, 자신을 더 잘 이해할 수 있다.

뇌는 유연하고 변화할 역량이 충분하며 개인이 겪는 경험을 토대로 바뀌므로 통합성을 더욱 높은 수준으로 키울 수 있다. 이를 신경가소성neuroplasticity 개념이라 하는데, 살아가며 변화하는 것이 개인의 마음이나 사고방식에 그치지 않고 그 이상을 의미한다는 사실을 가리킨다. 뇌의 실질적인 물리 구조는 개인이 보고 듣고 만지고 생각하고 연습하는 것을 바탕으로 새로운 신경경로를 만들어내고 자체적으로 재조직하면서 새로운 정보에 적응한다. 우리가 주의를 기울이거나 경험하고 상호작용하며 강조하는 것은 무엇이든 뇌에서 새로운 연결을 만들어낸다. 주의를 집중하면 뉴런이 점화하면서 서로 연결되거나 결합한다.

부모는 아이에게 어떤 종류의 경험을 만들어줄 수 있을까? 신경가소성과 연결해 생각하면 몇 가지 흥미로운 의문이 생긴다. 부모는 아이의 주의를 어디로, 어떻게 이끌지를 포함해 아이의 뇌에 중요한 연결을 구축하고 강화하는 능력이 있다. 즉 아이에게 어떤 경험을 제공할 것인지, 미성숙한 뇌에 어떤 종류의 연결을 구축해줄 수 있을지 생각하는 것이 매우 중요하다. 주의를 기울이면 뉴런이 점화한다. 예스 브레인 상태에서 뉴런이 점화하면 건설적인 방식으로 연결되면서 뇌를 바꾸고 통합한다. 따라서 부모가 아이와 함께 책을 읽으며 "이 작은 여자아이는 왜 슬퍼할까?"라고 물으면 뇌에 사회 참여 체계와 공감을 구축하고 강화할 기회를 주는 것이다. 또 부모가 농담을 하거나 수수께끼를 말하면 유머와 논리에 집중하게 하므로 아이의 자아에서 그러한 측면을 발달시킬 수 있다. 같은 방식으로 부모, 교사, 코치를 포함해 누구든 가혹한 수치심과 지나친 비난에 아이를 노출시키면 그 방향으로 신경 경로가 발달해 아이의 자의식에 영향을 미친다. 부모와 상호작용을 하면서 생겨난 노 브레인 상태에서도 뇌는 성장할 수 있지만 통합된 방식으로 성장하는 것은 아니다.

그렇다면 무엇을 선택할 것인가? 노 브레인인가 예스 브레인인가? 이제 선택은 당신의 몫이다. 정원사는 갈퀴를 사용하고 의사는 청진기를 사용하듯, 부모는 주의를 도구로 아이가 중요한 뇌 영역을 발달시키고 연결하도록 도울 수 있다. 그래서 아이가 통합을 향해 성장하게끔 이끌 수 있다.

반대의 경우도 마찬가지다. 부모가 아이의 일부 발달 구성요소를 무시하면 해당 뇌 부위가 '제거'되거나 제대로 발달하지 못할 수 있다. 아이가 특정 경험을 하지 못하거나 주의를 기울여 특정 정보를 흡수하지 못하면, 특히 청소년기를 통과하면서 기술을 습득할 경로를 잃을 수 있다. 예를 들어 너그러움과 기부에 관해 배울 기회를 누리지 못하면 너그러움과 기부를 담당하는 뇌 부위가 충분히 발달하지 못한다. 놀거나 호기심을 보이고 탐색할 수 있는 여유로운 시간을 누리지 못해도 결과는 같다. 그러면 뉴런이 점화하지 못하면서 발달하는 데 필요한 통합도 발생하지 않는다. 에너지와 노력을 기울이면 삶의 후반부에도 일부 기술은 습득할 수 있겠지만 아동기와 청소년기에 처음으로 성장할 수 있을 때 뇌를 발달시키는 것이 더할 나위 없이 좋다. 이 책에서 거듭 설명하겠지만 부모가 가치를 두는 것과 가치를 두지 않는 것, 주의를 기울이는 것과 주의를 기울이지 않는 것이 아이의 미래 모습에 영향을 미친다.

기질과 다양한 선천적 변수를 비롯한 요소들도 뇌의 기능과 구조를 발달시키는 데 중요하다. 유전자는 뇌를 형성하고 따라서 각 아이의 행동을 형성하는 데 주요한 역할을 담당한다. 하지만 이처럼 통제할 수 없는 선천적 차이가 있다 하더라도 부모가 경험을 제공하는 방식은 중대한 영향을 미친다. 아이에게 주파수를 맞춰서 어떤 경험이 필요한지 판단하고, 기질에 맞는 방식으로 주의를 집중하도록 돕는 것이 앞으로 아이의 뇌를 더욱 성장시키는 데 매우 중요하다는 뜻이다. 경험은 아동기·청소년기·성인기를 거치는 동안 내내 뇌에서 연결성을 키운다.

○
예스 브레인의 네 가지 근본 원칙

우리가 쓴 다른 책을 읽었다면 상층 뇌upstairs brain를 발달시켜야 한다고 자주 강조한다는 사실을 알 것이다. 뇌는 분명 유별나게 복잡하다. 따라서 우리는 복잡한 개념을 단순하게 설명할 목적으로 아이의 발달하는 뇌를 건축 중인 2층 집에 비유한다. 하층은 좀 더 원시적인 뇌 부위, 즉 뇌간brainstem과 변연계limbic system를 가리키며, 목 맨 윗부분부터 콧날까지를 아우르는 뇌 아랫부분에 존재한다. 우리가 하층 뇌로 부르는 이 영역은 강렬한 감정, 본능, 소화와 호흡 등 기본 기능을 포함해 매우 근본적인 신경정신 작용을 담당한다. 하층 뇌는 스스로 의식하지 못할 정도로 극히 신속하게 기능한다. 본능적이면서 종종 자동적인 과정이 발생하므로 생각하기 전에 행동을 유발한다.

하층 뇌는 인간이 태어날 때부터 상당히 발달해 있다. 반면에 상층 뇌는 집에 비유하자면 여전히 주요 건설공사가 진행되고 있는 부위로서, 더욱 복잡한 이지적·감정적·관계적 기술을 담당한다. 상층 뇌는 뇌에서 가장 바깥층인 대뇌피질cerebral cortex로 구성되고, 바로 밑에 있는 하층 뇌를 덮으면서 마치 반쪽 구형처럼 이마 바로 뒤에서 머리 뒤쪽으로 이어진다. 상층 뇌는 미리 계획하고, 결과를 숙고하고, 어려운 문제를 풀고, 다양한 관점을 고려하고, 집행 기능과 관련 있는 정교한 인지 활동을 수행한다. 매일 인식하고 경험하는 일 중 많은 부분이 상층 뇌가 상위 정신 과정을 거친 결과다.

상층 뇌는 아이가 성장하고 성숙할 때 시간을 두고 진화한다. 실제로 20대 중반에 도달할 때까지도 상층 뇌는 계속해서 발달한다. 아이가 자제력을 잃거나 비이성적으로 행동할 때 부모가 인내해야 하는 이유도 이 때문이다. 아이는 뇌가 온전히 성장하지 않았으므로 적어도 이따금씩은 자신의 감정과 몸을 통제할 수 없다. 그때는 하층 뇌, 즉 원시적인 파충류의 뇌로 움직인다. 부모는 이 시점에 개입해야 한다. 양육자로서 부모가 수행해야 하는 주요한 역할은 상층 뇌를 구축하고 강화하도록 도우면서 사랑하는 것이다. 어떤 면에서는 아이의 외부 상층 뇌가 제대로 발달할 때까지 그 역할을 대신해주는 것이기도 하다. 그 과정에서 상층 뇌의 다양한 기능을 발달시키고, 하층 뇌의 기능과 균형을 맞추는 데 유용한 예스 브레인 경험을 제공하고 통합해서 아이가 뇌를 유연하게 발달시킬 수 있도록 도와주어야 한다.

아이가 합리적이고, 타인을 배려하고, 회복탄력성을 갖추고, 책임감 있는 어른으로 성장하도록 도와주려면 어떤 부분을 발달시켜야 할까? 이것이 바로 상층 뇌가 맡은 역할이다. 좀 더 구체적으로 설명하면 능동적인 예스 브레인 상태의 성숙하고 배려심 있는 사람에게 기대하는 사실상 모든 행동은 상층 뇌의 일부인 전전두엽 피질prefrontal cortex이 담당한다. 유연성, 적응성, 건강한 의사결정과 계획, 감정과 몸의 조절, 자주적인 통찰력, 공감, 도덕성 등은 완전히 형성돼 고도로 기능하는 전전두엽 피질에서 나오는 행동으로, 사회·감성 지능의 핵심이다. 전전두엽 피질이 제

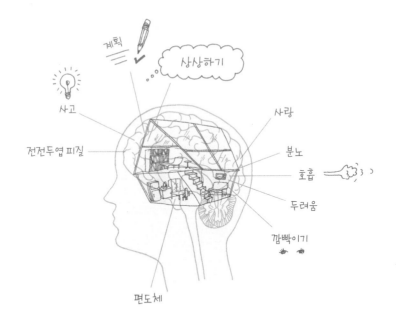

역할을 하고 뇌의 통합이 이루어지면 개인은 편안하고 행복하고 유대감을 느끼면서 세상을 살아간다. 그러면 에우다이모니아적 행복감이 생겨나면서 의미 있는 연결성과 평정심을 만끽하는 삶을 살 수 있다. 이로써 예스 브레인 관점에서 삶을 보게 된다.

이 책에서는 통합된 전전두엽 피질에서 나오는 행동 목록을 뽑아 예스 브레인의 네 가지 근본 원칙으로 간추렸다.

전전두엽 피질과 관련 영역이 기능하고, 아이가 성숙한 모습으로 발달하도록 부모가 이끌고 격려할 때 예스 브레인 상태가 형성된다. 이때 부모는 아이의 고유한 기질과 정체성을 늘 허용하고 포용하면서 발달 과정 내내 아이에게 유익한 기술과 능력을 가르친다. 예스 브레인의 네 가지 근본 원칙은 참여하고 통합하는 상층 뇌에서 생겨나는 산물이다.

예를 들어 아이가 심각한 감정을 해결하지 못해 쩔쩔매고 있는 경우, 심지어 격한 감정에 시달릴 때도 부모는 아이가 감정과 몸을 조절하고 균형감을 발휘해 바람직한 결정을 내리도록 돕는다. 아이가 견디기 어려운 환경에 부딪혀 끈기를 발휘하지 못하고 괴로워하는 경우에는 충격을 견뎌내도록 아이와 함께 노력할 수 있다. 이처럼 예스 브레인의 근본 원칙인 균형과 회복탄력성이 더욱 발달하도록 가르치면 아이는 자신과 자신의 감정을 진정으로 이해하는 데 필요한 통찰을 발달시킬 수 있다. 예스 브레인의 세 번째 원칙인 통찰은 스스로 무엇에 관심이 있는지, 어떤 사람이 되고 싶은지 진심으로 결정할 수 있는 능력이다. 이것이 내면의 나침반이라 불리는 개념의 핵심이다. 마지막 근본 원칙은 공감이다. 아이는 균형과 회복탄력성을 구축하고 자신에 대한 통찰을 획득해 자신과 타인을 더욱 잘 이해하고 보살피며 도덕적이고 윤리적인 방식으로 행동한다. 5장에서 살펴보겠지만 이 책에서는 광범위한 과학적 의미를 일반적인 용어인 '공감'으로 표현하면서, 타인의 감정을 느끼는 것(감정적 공명), 타인의 관점을 상상하는 것(관점 수용), 타인을 이해하는 것(인지적 공감), 타인의

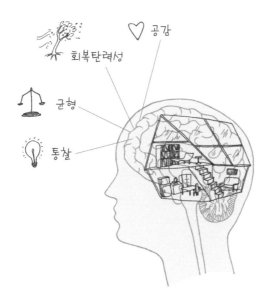

회복탄력성

공감

균형

통찰

행복을 공유하는 것(공감적 기쁨), 타인을 돕거나 배려하고 관심을 보이는 것(온정적인 공감)을 포함한다.

네 가지 근본 원칙은 모두 학습 가능한 기술이고, 아이는 예스 브레인 세계관을 향해 차례로 단계를 밟으면서 균형·회복탄력성·통찰·공감이 풍부한 삶에 더욱 다가설 수 있다.

이 과정은 순환한다. 예스 브레인 상태에서는 아이의 균형·회복탄력성·통찰·공감이 증가한다. 부모가 북돋고 증진하려 노력하면 네 가지 근본 원칙은 예스 브레인 상태로 세상에 접근하는 방식을 강화하면서 균형·회복탄력성·통찰·공감을 훨씬 증대한다. 이러한 성장 지향 과정은 반복을 거듭할수록 아이에게 훨씬 바람직한 결과를 안긴다. 이는 '통합은 더 큰 통합을 낳는다'는 놀라운 과학적 발견을 여러 가지 방식으로 입증한다. 예스 브레인 상호작용은 더욱 강력한 예스 브레인 상태가 발생하도록 촉진한다. 부모로서 이러한 기술을 인식하고 예스 브레인 상태를 발달시키는 법을 배우면 우리는 물론 우리와 함께 일하는 많은 사람이 그렇듯 새 기술이 긍정적으로 스스로 강화한다는 뜻밖의 사실을 깨닫고 기뻐할 것이다.

전전두엽 피질과 상층 뇌의 나머지 부위가 여전히 성장 중이라는 개념을 기억하면 인내심을 발휘해 아이에게 가능한 수준 이상의 행동과 관점을 기대하지 않도록 조심하며 양육할 수 있다. 아이에게 균형·회복탄력성·통찰·공감을 키워나가는 경험을 제공하는 부모는 아이의 상층 뇌를 성장·강화하고 지지해서 평생 진정한 성공을 거두도록 준비시키는 것과 다름없다. 즉 아이가 강력한 예스 브레인을 발달시키고, 더불어 찾아오는 모든 혜택을 누릴 수 있도록 돕는 것이다.

네 가지 근본 원칙은 아이가 훈련하면서 부모의 지도를 받아 발달시킬 수 있는 기술이다. 균형·회복탄력성·통찰·공감에 선천적으로 좀 더 뛰어난 아이가 있기는 하지만 뇌는 유연해서 각자의 통합 경험을 바탕으로 성장하고 발달할 수 있다. 따라서 이 책에서는 아이의 삶에서 특정 기술을 발달시키기 위해 부모가 밟을 수 있는 실용적인 단계뿐 아니라 각 근본 원칙에 대한 기본 정보를 소개할 것이다.

예스 브레인을 촉진하면 단기로도, 장기로도 중요한 혜택을 누릴 수 있다. 가장 즉각적인 혜택은 부모의 역할을 수행하기가 수월해진다는 것이다. 예스 브레인 상태에 접근할 수 있는 활기찬 능력을 발달시켜온 아이는 더 행복해질 뿐 아니라 세상을 향해 더욱 큰 관심을 보인다. 대응성 대신 수용성을 보이면서 더 유연해지고 타인과 훨씬 쉽게 협력한다(이 점에 대해서는 곧 자세히 설명할 것이다). 따라서 부모가 예스 브레인 상태를 활성화하는 기술을 가르치면 단기적으로 아이는 더욱 평온하고 느긋해지며 부모와 더욱 탄탄한 관계를 형성한다. 장기적으로는 아이의 상층 뇌를 형성하고 통합하는 동시에 청소년기와 성인기 내내 사용할 기술을 가르칠 수 있다. 결국 네 가지 근본 원칙은 건전하고 행복하고 진정한 삶을 안겨줄 에우다이모니아적 기준이다.

각 장의 마지막 두 단원에서는 해당 장에서 서술한 개념을 실천에 옮길 수 있는 좀 더 많은 방법을 소개할 것이다. 첫 단원인 '예스 브레인 아이'에서는 부모가 아이와 특정 근본 원칙에 대해 토론할 수 있도록 만화를 활용했다. 우리는 다른 책에서도 만화를 통한 접근 방식을 사용했는데, 개념을 이해할 뿐 아니라 아이들에게 개념을 가르치는 데 크게 유용하다는 이야기를 부모·교사·전문가에게 계속 듣고 있다. 예를 들어 회복탄력성에 관한 장을 읽었다면 아이와 함께 '예스 브레인 아이'를 보면서 두려움에 맞서고 장애를 극복하는 것이 어떤 의미인지, 매일 생활하면서 어떻게 행동할지 토론할 수 있다.

두 번째 단원은 '예스 브레인 부모'다. 이 단원은 중요한 기술을 이해하고 이를 아이에게 가르치려는 부모의 입장뿐 아니라 일생 동안 자신의 성장과 발달에 관심이 있는 개인의 입장에서 해당 장의 개념을 생각해볼 기회를 제공할 것이다. 결국 부모는 어떻게 세상을 살아가야 하는지 아이에게 본을 보인다. 독자에게 늘 강조하지만 우리가 전파하는 거의 모든 개념과 기술은 아이뿐 아니라 어른에게도 적용할 수 있다. 부모가 항상 완벽해야 한다거나 매 순간 상황을 정확하게 판단하고 행동해야 한다는 뜻은 아니다. 하지만 의사소통 기술과 관계 형성 기술을 더욱 발달시키고, 보다 개방적인 태도를 취하면서 새로운 경험을 받아들이고, 매일의 생활에서 큰 의미를 발견하고, 행복과 성취감을 더욱 크게 느끼는 삶을 누군들 원하지 않겠는가? 이것이 예스 브레인의 삶이다. 그러므로 각 장의 마지막 단원에서는 자기 삶에 대해 생각하고, 균형·회복탄력성·통찰·공감을 훨씬 증대하는 방식으로 살면 어떤 혜택을 누릴 수 있을지 생각할 기회를 줄 것이다.

이 책의 끝에 수록한 '예스 브레인 간단 메모'는 책 전체의 주요 개념을 추려 매우 간략하게 요약했다. 이 메모를 복사해 냉장고 문에 붙이거나, 사진을 찍어 스마트폰에 저장해두고 예스 브레인의 주요 개념을 기억하거나 다른 사람에게 말해주고 싶을 때 참고하라.

이 책에서 제시한 모든 내용은 과학에 뿌리를 두고 있다. 우리는 부모가 아이를 양육하느라 잠자고 먹고 화장실에 가는 것조차 시간을 쪼개가며 고군분투하는데도 역할을 감당하기 버거워 지치는 일이 많다는 사실을 알고 있다. 따라서 부모의 편에 서서 최대한 단순하지만 과학적이면서, 같이 아이를 키우는 부모의 입장에서 정확하며 효과적으로 내용을 서술하려 노력했다.

당신이 양육이라는 어렵고도 보람 있는 역할을 수행하면서 우리를 동지로 선택해준 것을 대단한 영광으로 생각한다. 또 아이를 양육하는 과정에서 그저 당신의 부모에게서 본 대로 따라하지 않고, 의지를 가지고 노력하며, 사랑을 표현하는 방식으로 아이를 양육하려 지속적으로 애쓰는 것에 커다란 존경심을 느낀다. 이러한 태도는 아이에게 예스 브레인을 소개하고, 아이가 개방적인 태도로 흥분과 기쁨을 느끼며 세상에 접근하는 데 유용하게 작용할 것이다.

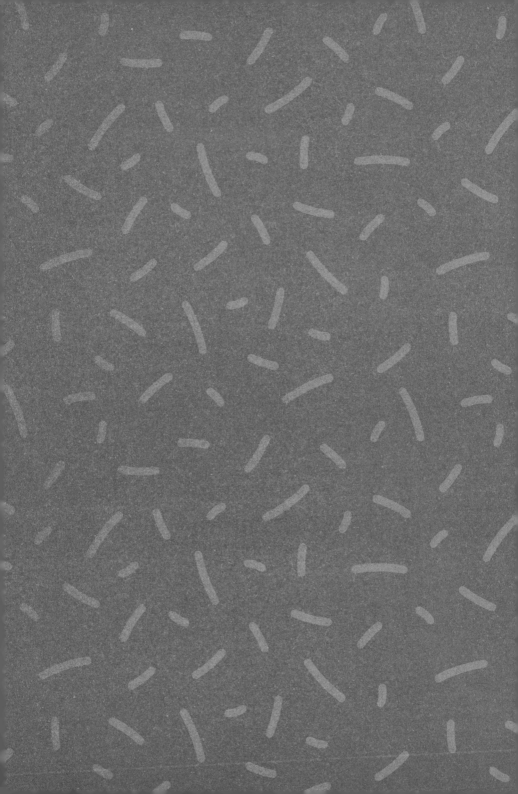

Chapter ❷

균형을 갖춘
예스 브레인

알렉스는 경기가 순조롭게 풀릴 때는 어린 아들 테디가 뛰는 축구 시합을 즐겁게 관전할 수 있었다. 아들이 속한 팀이 이기고 있거나 아들이 득점을 하면 문제 될 것이 없었다. 하지만 시도한 슛이 골대를 빗나가거나 패스를 잘못하거나 팀이 지면 테디는 영락없이 자제력을 잃었다. 순간적으로 흥분해 상층 뇌의 전전두엽 피질이 통합 역할을 중단하고 하층 뇌가 기능하기 시작했다. 다른 아이들이 경기하는 동안 벤치에 앉아 대기해야 할 때도 마찬가지였다. 테디가 계속 경기장으로 뛰쳐나가려 했으므로 알렉스는 가끔씩 벤치에서 아들을 붙잡고 있어야 했다!

실망했을 때 테디가 보이는 반응은 어느 정도 이해할 만했다. 아직은 여덟 살에 불과한 데다가 경쟁심이 대단했기 때문이다.

여덟 살짜리 아이는 자신을 제대로 통제하지 못하므로 가끔 힘든 시간을 보내기도 한다. 하지만 테디의 경우 다른 여덟 살짜리 아이들은 잘 그러지 않는 상황에서 자주 감정이 폭발하는 것이 문제였다. 그래서 알렉스는 테디의 팀이 시합에서 제대로 실력을 발휘하지 못하면 즉시 두려움을 느꼈다. (여덟 살 아이들이 축구 시합하는 광경을 지켜본 적이 있다면 충분히 짐작할 수 있겠지만 알렉스가 두려움에 떠는 일이 오죽 많았겠는가!) 상대 팀에 점수가 뒤지거나, 슬라이딩 태클에 실패하거나, 심판이 자기나 팀에 불리한 판정을 내리면 테디는 즉시 입술을 쭉 내밀고 울음을 터뜨리거나 발을 쿵쿵 구르며 경기장을 뛰쳐나가면서 더 이상 시합을 하지 않겠다고 심술을 부렸다.

이때 테디에게는 무엇이 필요할까? 예스 브레인의 첫째 근본 원칙인 균형이다. 자신을 조절하는 능력, 즉 감정과 행동의 균형을 맞추는 능력이 부족하기 때문에 자그마한 일만 생겨도 조절하지 못하고 통제 불가능 상태에 빠지는 것이다.

어떤 부모든 알렉스의 사례처럼 아이가 감정과 행동을 자제하지 못하고 통제 불가능한 상태에 빠지는 것과 같은 경험을 한 적이 있을 것이다. 상황이 뜻대로 돌아가지 않을 때 아이는 테디처럼 행동하거나, 아니면 자신을 통제할 수 없다고 나름대로 부모에게 알릴 수도 있다. 나이가 더 어린 아이들은 감정과 행동의 균형을 잡지 못할 때 성질을 내거나 물건을 집어던지기도 하고, 사람을 때리거나 발로 차며 물어뜯는다. 조금 더 큰 아이들 역시 감정과 몸을 조절하지 못해서 같은 행동을 보이는데, 말로 부모를 상처 입힐 수 있다는 사실을 파악하고 그에 맞게 개발한 어휘로 부모를 공격하는 방법을 터득하게 된다. 아이에 따라서는 말 그대로나 비유적으로나 문을 닫거나 숨어서 자신을 폐쇄하며 혼자 괴로워한다.

요점은 모든 아이가 감정적 균형을 잃는다는 것이다. 어린 시절에는 감정을 조절하지 못할 때도 많다. 사실 아이가 격한 감정을 보이거나 성질을 부린 적이 한 번도 없다면 오히려 걱정해야 한다. 자기감정을 엄격하게 통제해서 결코 과도하게 흥분하는 법이 없는 아이도 있다. 아이가 지나치게 감정을 표현하지 않는 방향으로 쏠리면, 균형 잡힌 삶에서 누릴 수 있는 활력을 감정적으로 차단할 위험에 빠진다. 아이는 어린 시절 동안 다양한 유형과 강도의 감정을 경험하고 다루는 법을 배워야 한다. 때로 감정이 격해져서 명쾌하게 생각하는 능력을 차단당할 때 '통제력'을 잃을 수 있기 때문이다. 세상을 살다 보면 별의별 일을 다 겪기 마련이니까!

빈약한 균형감과 잦은 대응성을 초래하는 원인은 다양하다.

- 발달 연령

- 기질

- 정신적 외상

- 수면 문제

- 감각처리 문제

- 건강 문제와 의학적 문제

- 학습과 인지 등의 장애와 조절 이상

- 고통을 확대시키거나 반응을 보이지 않는 양육자

- 환경적 요구와 아이가 지닌 능력의 부조화

- 정신건강 장애

대응성을 유발하는 원인은 아이에게 여러 강도로 영향을 미치며 눈에 띄는 결과를 낳는다. 소리를 지르고 공격적인 행동을 보이거나 버릇없이 감정을 폭발시키고 강렬한 불안을 느끼는 등 분노를 터뜨리면서 감정적 혼돈 상태에 빠질 수도 있고, 마음의 문을 닫거나 우울증을 겪는 등 고립을 선택하는 방식으로 일상에서 물러나거나 경직성을 보이기도 한다. 통합적 균형이라는 강이 한가운데를 흐르고 불균형적 반응이 제방처럼 강 양쪽을 막고 있다고 생각해보자. 한쪽 제방은 혼돈이고 반대쪽 제방은 경직성이다. 균형은 유연한 동시에 적응성과 일관성을 띠면서 시간을 두고 회복하는 법(회복탄력성), 즉 통합에 동반하는 균형의 FACES를 따라 흐르는 법을 배우는 것이다.

균형이 예스 브레인의 첫째 근본 원칙인 데는 그만한 이유가 있다. 나머지 세 근본 원칙인 회복탄력성, 통찰, 공감은 아이가 진정한 의미에서 일정량의 감정적 균형과 통제를 보여줄 수 있는지에 따라 결정된다. 가족과 친구와 형성하는 의미 있는 관계, 원기를 회복하게 돕는 수면, 성공적인 학교생활, 살아가며 전반적으로 느끼는 행복 등 실제로 부모가 보고 싶어 하는 결과와 아이에게 가르치고 싶어 하는 교훈을 모두 지배하는 요소가 균형이다. 게다가 아이들은 통제 불가능한 상태에 빠지면 배우지 못하므로 한창 성질을 부리고 있는 아이에게는 아무리 교훈을 가르치려 해도 소용이 없다. 이때 아이는 자기감정에 반응하는 방법에 관해 부모의 지시를 따르거나 바람직한 결정을 내리기는커녕 부모의 말조차 거의 듣지 않는다.

최대한 간단하게 설명하면 균형은 아이가 기능하는 모든 측면에서 결정적으로 중요하다. 아이가 이유를 불문하고 불균형이나 통제 불가능한 상태에 빠졌을 때 보이는 반응적 행동은 모든 사람에게 특히 아이 자신에게 더욱 큰 고통을 안기면서 상황을 더욱 힘들게 만들 수 있다. 그러므로 아이의 나이와 상관없이 부모가 맡아야 하는 주요 역할은 감정과 행동을 아이와 '공동 조절'해서 더욱 균형 잡힌 삶을 살 수 있도록 돕는 것이다. 균형을 잡으면서 앞으로 감정과 행동을 더욱 쉽게 조절하는 데 유용하게 사용할 수 있는 기술을 가르치는 동시에 감정적 평정을 되찾을 수 있도록 지지해야 한다는 뜻이다.

균형은 학습 가능한 기술이다

테디가 축구 경기장에서 통제 불가능한 행동을 보이기는 했지만, 기분 장애나 행동 장애가 있어서 장기간의 심리치료 혹은 약물치료가 필요한지 판단하는 평가를 받아야 하는 것은 아니다. 성질을 부렸다는 이유로 아빠에게 벌을 받거나 수치를 당하는 등 노 브레인 상황을 겪게 해서도 안 된다. 테디의 아빠는 아들에게 스스로를 조절할 수 있는 기술을 가르쳐서 감정적 균형을 달성하도록 돕는 예스 브레인 반응을 제시해야 한다.

알렉스가 아들 문제로 사무실을 찾아왔을 때 티나는 바로 이 점을 설명했다. 아이에 따라 전문가의 중재는 필요하고, 이는 '참을성의 창문window of tolerance'을 넓히고 뇌와 신체를 조절하는 능력을 향상시키는 데 유용하게 작용한다. 대니얼이 만든 용어인 참을성의 창문은 개인이 충분히 기능할 수 있는 뇌의 활성화 범위를 가리킨다. 창문의 위쪽 틀을 벗어나면 마음이 혼돈에 빠지고, 아래쪽 틀을 벗어나면 마음이 경직된다. 슬픔이나 분노처럼 주어진 감정을 참는 창문이 매우 좁을 때는 자그마한 자극에도 감정이 격해지기 쉽다. 같은 아이라도 두려움을 비롯한 여러 감정으로 인해 혼돈에 빠지기도 하고, 경직되기 전에 상당량의 참을성을 발휘하기도 한다.

참을성의 창문이 좁아지는 원인은 아주 많다. 예를 들어 테디가 보인 행동은 감각처리 장애, 주의력결핍 과잉행동 장애ADHD나 정신적 외상 이력을 나타내는 지표일 수 있다. 이러한 여러 요인 때문에 좌절을 극복하는 창문이 좁아지는 것이다. 테디가 이 경우에 해당한다면 평가와 중재로 나아질 수 있다. 하지만 티나가 알렉스에게 설명했듯 테디는 주로 자기조절 기술을 발달시킬 필요가 있었다. 모든 행동이 그렇지만 테디의 행동은 의사소통의 한 형식이다. 자기가 지르는 소리를 들을 수 있는 범위 안에 있는 축구 경기장의 아버지와 다른 모든 사람을 향해, 감정과 행동을 통제하고 균형을 잡을 수 있는 기술이나 전략을 아직 갖추지 못했다고 알리는 외침이었다. 앞으로 설명하겠지만 티나는 부자父子를 만나서 테디가 참을성의 창문을 넓힐 수 있는 조절 기술을 발달시키도록 노력을 기울였다.

균형을 이룬 뇌에는 감정적 안정을 달성하고 뇌와 신체를 조절할 수 있는 능력이 있다. 주어진 선택사항을 고려하고 유연하게 결정을 내릴 수 있다는 뜻이다. 견디기 어려운 순간과 감정을 극복하고 평정심을 찾기 위해 매우 신속히 안정 상태로 돌아올 수 있다는 뜻이기도 하다. 마음과 감정과 행동을 지속적으로 통제하면 어려운 감정과 환경에 잘 대처할 수 있다. 우리는 살아가면서 언제나 그렇듯 종종 참을성의 창문 밖으로 뛰쳐나가겠지만 결국 감정적 평형 상태로 복귀할 것이다. 이것이 바로 이 책에서 말하는 균형의 개념이다.

　다른 방식으로 설명해보자. 균형을 이룬 뇌를 갖춘 아이들은 '반응 유연성response flexibility'을 보인다. 좋아하지 않는 상황이 벌어졌을 때 즉시 분노를 표출하지 않고 먼저 적응한다. 한숨을 돌리면서 어떻게 반응하는 것이 최선일지 생각한다. 물론 아이의 나이와 발달단계에 따라 다르지만 일정 수준의 경직성을 띠면서 상황에 거의 무의식적으로 반응하지 않고, 자신에게 여러 선택사항이 있으며 어느 정도 유연성을 발휘하면 좋은 결정을 내릴 수 있다고 인식한다. 테디가 좌절·분노·실망을 경험하는 것은 전혀 문제가 아니다. 실제로 이러한 감정을 느끼는 것은 건전하고 좋다. 의미 있는 삶은 감정을 느끼는 삶이라는 사실을 기억하라. 하지만 테디는 감정을 느끼는 동시에 생산적이고 건강한 방식으로 반응하는 기술을 개발해야 한다. 균형을 이룬 뇌는 감정을 느끼고 적절하게 표현하고, 유연하게 상태를 회복해 감정에 휘둘리지 않게 해준다.

아이가 매우 어릴 때는 감정적 균형을 일관성 있게 유지할 수 있을 만큼 뇌가 발달하지 않는다. ('끔찍한 두 살', '미운 세 살', '성가신 네 살'이라는 용어가 생겨난 데는 다 이유가 있다.) 상층 뇌가 아직 완전히 발달하지 않았으므로 양육자로서 부모의 역할은 자신의 발달된 뇌를 사용해 아이가 균형을 찾도록 돕는 것이다. 이 시점에서 우리는 공동 조절 작업을 시도한다. 우선 아이의 감정을 누그러뜨려 차분하게 만들고, 아이가 안전할 것이며 버겁고 심각한 감정을 느끼는 동안 부모가 곁에 있으리라 확신을 준다.

아래와 3장에서 이 개념을 좀 더 설명하겠지만 통제 불가능한 상태에 빠진 아이를 돕는 비결은 곁에서 사랑을 베풀고 감정을 진정시키는 것이다. 대부분의 아이들이 못되게 행동하는 까닭은 감정과 몸을 통제하지 않으려 하기 때문이 아니라, 당장 통제할 수 없기 때문이다. 그러므로 부모는 아이에게 교훈을 가르치거나, 무엇을 원하는지 말하고, 무엇을 해야 하며 무엇을 하지 말아야 하는지 지시하기 전에, 아이가 균형을 되찾을 수 있도록 도와주어야 한다. 부모는 유대감을 구축해서, 다시 말해 아이를 안아주고, 진정하도록 도닥거리고, 말을 들어주고, 공감해주면서, 안전하고 사랑받고 있다고 느낄 수 있도록 도와주어야 한다. 이것

예스 브레인 아이들의 비밀

이 균형을 되찾아주는 방법이다. 그래야만 아이에게 적절한 행동을 가르치거나 앞으로 감정과 행동을 더욱 잘 조절할 수 있는 방법에 대해 말하더라도 통한다.

아이들은 스스로 통제 불가능한 상태에 빠졌다고 느끼고 싶어 하지 않는다. 자신의 감정과 행동을 조절할 수 없는 상태를 두려워하기 때문이다. 이때 감정적 균형을 되찾을 수 있도록 도와주지 않으면 아이는 강렬하고 스트레스를 일으키는 감정 조절 장애를 혼자 다뤄야 한다. 엄청난 울분이 폭발하는 광경을 이 시점에서 자주 목격할 수 있다. "내 금붕어 과자의 꼬리가 잘렸어. 너무너무 끔찍해! 어서 붙여내란 말이야! 지금 당장!" 이렇듯 강렬한 반응은 특정 나이의 아이에게는 발달단계상 적절하다. 부모는 이러한 발달단계를 지나 아이가 성장하는 동안, 강렬한 감정을 포함한 광범위한 감정을 안전하게 경험할 수 있는 분위기를 만들어주고, 유연성을 발휘해 균형 잡힌 감정 상태로 돌아가 예스 브레인의 혜택을 누리도록 아이를 도울 수 있다.

균형과 그린 존

참을성의 창문에 대해 생각해볼 수 있는 유용한 방법이 있다. 오래전 과학 수업 시간에 배운 자율신경계autonomic nervous system를 떠올려보자. 자율신경계에는 교감신경계와 부교감신경계가 있다. 교감신경계sympathetic nervous system는 자동차의 가속페달 같아서, 우리에게 에너지를 불어넣고 심장박동수와 호흡속도를 늘리며 근육긴장도를 높여 몸을 일으키고 움직이게 하는 등 감정적·신체적 각성을 증폭시킨다. 부교감신경계parasympathetic nervous system는 자동차의 브레이크 같아서, 우리를 진정시키고 신경계의 각성 정도를 떨어뜨려 호흡속도를 늦추며 근육을 이완시킨다. 우리가 안전한 상황에 놓여 있을 때 두 신경계는 유연하게 상호작용하면서 하루 동안 우리가 겪는 여러 가지 상태를 많이 설명해준다. 오후에 참석한 회의에서 졸음이 쏟아진다면 부교감신경계가 더욱 활발히 활동하는 것이다. 퇴근길 교통체증에 묶여 불만이 쌓이고 신경이 날카로워지거나 아이 때문에 감정이 격해질 때는 교감신경계가 더욱 각성된다. 연구자인 스티븐 포지스Stephen Porges는 다중미주신경이론polyvagal theory을 내세워 인간 신경계의 각성이 신체와 사회 참여 체계에 미치는 영향을 설명했다.

단순한 모델을 사용해 다중미주신경이론을 시각적으로 설명할 수 있다. 많은 전문가는 이러한 유형의 모델을 다양하게 변형시켜 사용해왔는데, 그중에서 가장 단순한 모델은 주어진 순간에 아이

들이 경험하는 세 종류의 존zone에 초점을 맞추는 것이다.

두 신경계가 균형을 이룰 때는 자신을 잘 조절할 수 있다. 우리는 이러한 상태를 가리켜 '그린 존green zone'이라 부른다. 이는 개인이 예스 브레인 상태에 있다는 뜻이다. 이때 개인은 참을성의 창문 안에 있다고도 할 수 있다. 아이가 그린 존에 있을 때는 자신의 몸, 감정, 행동을 조절할 수 있다. 균형 상태에 있으며, 가속페달인 교감신경계와 브레이크인 부교감신경계가 협업해 작동한다. 이때 아이는 역경에 맞닥뜨리거나 좌절·슬픔·두려움·분노·불안 같은 부정적인 감정을 경험하더라도 자신에게 통제력이 있다고 느끼며 스스로를 조절할 수 있다. (위 표를 보라. 색 구분이 안 되어 있기는 하지만 개념을 파악할 수 있을 것이다.)

하지만 상황이 원하는 대로 돌아가지 않아 아이의 감정이 격해질 때가 있다. 감정의 강도가 참을성의 창문의 경계를 넘어섰다는 뜻이다. 어린아이는 막대 아이스크림 하나를 더 먹지 못하거나 운동장에서 놀고 있는 친구들이 놀이에 끼워주지 않을 때, 자전거 타는 법을 배우면서 계속 넘어지는 바람에 크게 좌절할 때 그럴 수 있다. 나이가 조금 더 든 아이의 경우 경기에서 공을 제대로 던지지 못했거나 낮은 성적을 받은 것, 형제 때문에 화가 나는 일과 관련이 있을 수 있다. 살아가면서 누구에게나 일어나듯 아이는 원하는 모든 것을 얻지 못하며, 격렬한 두려움·공황·분노·좌절·당황을 느낀다. 매우 단순하게 말해서 상황에 따른 요구에 대처하지 못한다. 그러다 균형을 유지하면서 조용하고 만족스러운 그린 존에 머물러 있는 것이 몹시 버거워진다.

그러면 아이는 '레드 존red zone'에 진입한다. 이것이 레드 존에 자주 빠지는 테디에게 지속적으로 일어난 현상이었다. 아빠 알렉스는 가속페달이 작동할 때 테디의 몸에서 나타나는 분명한 레드 존 신호를 볼 수 있었다. 심장박동수와 호흡속도가 급격하게 증가하고 눈이 가늘어지거나 반대로 굉장히 커졌다. 이를 악물고 주먹을 꽉 쥐는 등 근육을 긴장시켰다. 체온이 올라가고 피부가 울긋불긋해지기도 했다. 레드 존 상태를 좀 더 과학적으로 설명하면 자율신경계가 급성 스트레스 반응을 활성화하는 과다

각성hyperarousal 상태다. 그러면 하층 뇌가 감정과 신체의 통제권을 쥔다. 결과적으로 테디는 성질을 부리거나 주위 사람을 때리고 물건을 집어 던지는 등의 행동을 보였다. 전형적인 레드 존 반응으로는 소리 지르기, 물어뜯기, 신체 공격, 언어 공격, 흔들기, 울기, 부적절하게 웃기 등을 꼽을 수 있다. 대부분의 부모는 아이가 레드 존에 진입할 때 어떤 상황이 벌어질지, 아이의 모습이 어떨지 쉽게 그릴 수 있다.

통제력을 잃으면 레드 존 폭발이 일어난다. 이는 아이들이 전형적이지 않은 방식으로 행동할 때 일어나는 노 브레인 상태를 가리킨다(때로 어른에게도 나타나며 이때 레드 존 폭발 경험은 몹시 화난다는 뜻의 '얼굴이 붉어진다seeing red'로 적절하게 묘사되기도 한다). 실제로 아이들이 벌을 받곤 하는 많은 문제 행동은 레드 존 증상이므로, 아이들이 스스로 행동 방식을 선택한 것이 아니라고 할 수 있다. 그저 통제력을 잃어서 좋은 선택을 할 수 없었거나 울음을 멈추지 못하고 진정하지 못했던 것이다. 이때 나타나는 현상은 모두 노 브레인 반응이다.

알렉스와 티나는 테디의 상황을 고려해 네 갈래로 예스 브레인 반응을 유도했다. 첫째, 테디에게 레드 존에 대해 가르쳤다. 둘째, 천천히 호흡하는 등 감정을 진정시키는 기술을 가르쳤다. 셋째, 판돈이 크지 않은 보드 게임이나 역할극을 많이 시도해서 상황이 자기 뜻대로 돌아가지 않더라도 좌절에 대처하는 훈련을 시켰다. 테디는 작은 규모의 좌절을 겪으면서 축구 경기에 지는 것처럼 커다란 좌절에 대처하도록 준비할 수 있었다. 이러한 방식으로 알렉스와 티나는 좌절을 극복하는 참을성의 창문을 넓히도록 테디를 가르쳤다. 마지막으로 알렉스를 상담하는 자리에서 티나는 무엇보다 마음을 가라앉히고 아빠가 하는 말을 제대로 들을 수 있도록 감정이 격해진 테디를 위로하고 진정시키는 것이 우선이라고 조언했다. (이러한 각각의 전략은 앞으로 이 책에서 자세히 다룰 것이다.)

어떤 경우엔 감정이 격해졌을 때 레드 존에 들어가지 않고 '블루 존blue zone'에 빠지기도 한다. 블루 존에서 아이들이 보이는 방어 전략은 레드 존에서처럼 투쟁이나 도피가 아니라 부동성不動性인 얼음이나 기절 반응에 가깝다. 행동이 아니라 폐쇄로 부정적인 상황에 반응하는 것이다. 폐쇄화 반응의 정도는 다양하다. 일부 아이들은 단지 감정적으로 후퇴해서 말이 없어지고 타인을 밖으로 밀어내 자신을 돕지 못하게 만든다. 자신이 처한 상황에서 물리적으로 몸을 빼는 아이도 있다. 내면에서 감정을 생각과, 심지어 신체감각에서 분리시키는 극단적 해리dissociation 현상을 겪기도 한다. 정신적 외상을 경험한 적이 있는 아이는 해리에 빠질 가능성이 훨씬 크다.

블루 존에서 기절이나 붕괴 반응으로 나타나는 신체적 신호를 살펴보면 심장박동수와 혈압이 낮아지고 호흡이 느려지며, 근육과 자세에서 힘이 풀리고 눈을 맞추지 않는다. 주머니쥐가 죽음을 피하려고 죽은 척하는 것과 비슷해 보일 수 있다. 부동성 얼음 반응이 나타날 수도 있는데, 이때는 근육이 긴장하고 심장박동이 빨라지는 활성화 상태이기는 하지만, 일시적으로 움직임이 없는 정지 상태에 이른다. 블루 존 반응은 바깥으로 폭발하기보다는 안으로 향한다. 레드 존에서는 자율신경계에 과다각성 현상이 나타나지만, 블루 존에서는 브레이크를 밟는 것 같은 일종의 과소각성 현상이 나타난다. 기절 반응은 내부의 생물학적 기능과 작용을 폐쇄하고, 얼음 반응은 바깥으로 향하는 움직임을 차단한다. 불편하거나 무섭거나 위험해 보이는 상황에서 확실한 도피처를 보지 못할 때 아이들은 블루 존에 진입한다.

어떤 상태로 진입할지는 거의 '선택'할 수 없다. 현재 상황, 과거 경험에 대한 기억, 선천적인 기질을 포함한 많은 요소를 근거로 상황에 가장 잘 맞는 반응을 신경계가 자동적으로 결정하기 때문이다.

어려운 상황과 강렬한 감정에 반응하는 방식은 사람마다 다양하지만 이 책에서는 핵심을 설명하기 위해 상당히 단순화했다. 핵심은 그린 존에 진입한 아이가 좋은 결정을 내리고 균형을 유

65

노 브레인 반응은 아이를 더욱 좌절시킨다

예스 브레인 반응은 아이를 진정시킨다

예스 브레인 아이들의 비밀

지하며 감정·신체·결정을 통제하면서 대체로 자신을 잘 다룬다는 것이다. 그러면 열린 마음과 건전하고 의미 있는 방식으로 주변 세상과 관계를 형성하고 학습을 온전히 받아들일 수 있다. 아이는 이러한 방식으로 자신만의 참을성의 창문 안에서, 다시 말해 그린 존에서 기능한다. 하지만 주변 환경에서 격렬한 감정이나 위협을 느껴 괴로울 때면, 대응적인 행동을 보이며 혼돈스럽고 폭발적인 레드 존에 들어가거나, 경직성과 폐쇄성을 보이는 무반응의 블루 존에 빠진다. 어느 존이든 아이는 균형을 잃고 자신을 제대로 다루지 못한다. 반면에 유연한 그린 존에 있는 아이는 힘든 순간에 새롭고 생산적인 방식으로 반응하는 길을 찾을 수 있다. 바로 참을성의 창문 안에서 기능할 때 그렇게 행동한다. 어른과 마찬가지로 아이도 특정 시점에서 레드 존이나 블루 존에 들어갈 것이다. 따라서 아이가 온전한 범위의 감정을 경험하도록 격려해야 한다. 물론 내적으로 강하고 넓은 그린 존을 지닌 아이들도 여전히 좌절·실망·슬픔·두려움을 경험한다. 그렇더라도 광범위하고 강렬한 감정을 견뎌낼 수 있는 폭넓은 참을성의 창문을 지니고 있으므로, 도전에 부딪히고 역경을 만나더라도 균형과 적응성을 보인다.

그렇다면 부모가 내릴 수 있는 결론은 매우 분명하다. 더욱 균형 잡힌 생활을 통해 스스로를 조절하며 역경에 더 의연하고 침착하게 대처할 수 있도록 아이를 돕고 싶다면 다음 두 가지 역할을 수행해야 한다. 즉 감정이 격해질 때 그린 존으로 돌아갈 수 있도록, 또 시간을 두고 그린 존을 확장할 수 있도록 도와야 한다. 이러한 방식으로 부모는 세상을 경험할 수 있는 넓은 창문을 아이에게 선물하는 것이다. 3장에서는 아이의 그린 존을 구축하고 확장하는 방법을 다루려 한다. 그 전에 아이가 그린 존으로 돌아가도록 부모가 어떻게 도울 수 있을지 먼저 살펴보자.

균형 잡힌 삶을 측정하는 법

아이를 감정의 유연성과 행동의 균형 측면에서 생각해보라. 아이의 그린 존이 얼마나 탄탄한지, 힘든 상황과 심각한 감정이 전반적으로 아이에게 어떻게 영향을 미치는지, 어떤 감정의 창문이 좁거나 넓은지 자문하라.

앞에서 설명했듯 아이가 순간적으로 감정적 균형을 잃는 것은 정상이다. 그렇다면 부모 입장에서는 무엇이 아이에게 노 브레인 반응을 일으키는지, 아이의 자기조절 기능이 고장 나 결과적으로 심각하고 혼란스러운 레드 존 반응을 보이거나 붕괴되고 경직된 블루 존 반응을 보이는 경우에 어떻게 해야 다시 균형을 잡도록 도울 수 있을지 판단하는 것이 중요하다. 우리는 고통을 겪고 있는 아이들을 지원하기 위한 노력의 일환으로, 유해한 스트레스에 관한 브루스 매큐언Bruce McEwen의 연구 결과를 바탕으로 한 질문지를 만들어 여러 해 동안 사용하고 있다. 당신의 아이를 떠올리며 몇 가지 질문에 대답해보자.

- 특정 감정에 대한 아이의 그린 존은 얼마나 넓은가? 달리 말해서 아이는 불편 · 두려움 · 분노 · 실망의 감정을 얼마나 수월하게 다루는가? 나이와 발달단계를 고려했을 때 금방 레드 존이나 블루 존으로 향하지 않고 좌절을 다룰 수 있는가?

- 아이는 그린 존을 얼마나 빠르게 벗어나는가? 어떤 종류의 감정이나 상황에서 혼란스러운 레드 존이나 경직된 블루 존으로 진입하는가? 나이와 발단단계를 고려했을 때 사소한 문제에 직면해서 그린 존을 벗어나 감정을 조절하지 못하는 상태에 빠지는가?

- 아이를 불균형 상태에 빠지게 하는 전형적인 요인이 있는가? 배가 고프거나 피곤한 것 같은 신체적 필요와 관계가 있는가? 결핍되거나 훈련할 필요가 있는 감정 기술이나 사회성 기술이 있는가?

- 아이가 그린 존에서 얼마나 벗어나는가? 레드 존이나 블루 존에 들어갈 때 보이는 반응은 얼마나 강력한가? 일단 그린 존에서 벗어났을

때 아이의 혼돈이나 경직성이 보이는 불균형 상태는 어느 정도인가?

- 아이는 얼마나 오랫동안 그런 존에서 벗어나고, 얼마나 쉽게 돌아
  오는가? 회복탄력성은 어느 정도인가? 일단 조절 능력을 상실하
  면 균형감각과 자기통제를 회복하기가 얼마나 어려운가?

이 장의 나머지 부분과 책 전체에서 이러한 문제와 개념을 살
펴볼 것이다. 따라서 아이 특유의 기술과 기질을 부모가 정확히
평가할수록 우리가 제시하는 전략을 더욱 효율적으로 적용할 수
있다. 이 책에 서술한 모든 내용의 목적은 아이가 좀 더 수월하고
평화롭게 생활하면서 단기적으로 더욱 균형 잡힌 삶을 살 수 있
게 하는 것이다. 또 부모를 도와 아이에게 평생 동안 사용할 수
있는 기술을 가르침으로써, 장기적으로 그런 존에서 더욱 많은
시간을 보내고 자신을 잘 다루면서 평정심을 유지하며 생활하는
십대와 어른으로 성장시키는 것이다.

대니얼은 한 젊은 엄마를 상담하면서 예스 브레인 상태의 장단
기 혜택을 경험하도록 도왔다. 엄마는 대니얼을 찾아와 아이를 유
치원에 적응시키려고 천천히 조심스럽게 몇 주 동안 노력했는데
엄마에게서 떨어지기만 하면 영락없이 불안해한다고 호소했다.
다른 아이들은 부모에게 손을 흔들며 잘 가라고 말하는데 자기 아
들은 강렬한 분리 불안을 느낀 나머지 유치원에 내려놓기만 하면

심각한 문제를 보인다고 했다. 아이는 유치원에 가겠다고 약속하고 엄마와 함께 상세한 계획까지 세웠지만 아침 8시면 어김없이 레드 존에 들어갔다. 유치원에 도착해 차에서 내릴 때가 되면 소리를 지르고 침을 뱉으며 물어뜯고 심지어 옷을 찢기까지 했다.

아들의 상태를 염려한 엄마는 대니얼에게 도움을 요청했다. 엄마와 떨어져야 할 때 아들의 그린 존은 거의 존재하지 않다 싶을 만큼 작아졌다. 유치원에 가면 엄마와 떨어져야 한다는 특정 계기 탓에 순식간에 감정적 균형을 잃고 레드 존으로 들어가, 엄마가 떠나지 않겠다고 약속할 때까지 균형을 되찾지 못했다.

우선 대니얼은 이 장에서 곧 설명할 전략부터 가르치기 시작했다. 아들의 감정을 계속 조절하게 하는 최고의 전략은 엄마의 존재라는 사실부터 엄마에게 이해시켰다. 다만 엄마가 떠나고 나서는 아들에게 그린 존에 남아 있기 위해 사용할 수 있는 효과적인 전략이 달리 없는 것이 문제였다. 아들은 엄마와 형성한 유대 관계 덕분에 자신을 계속 조절해왔던 것이다. 엄마는 함께 있으려는 아들 때문에 가끔씩 숨이 막힐 것 같다고 말했지만, 대니얼은 엄마 곁에 있고 싶어 하는 아들의 욕구를 활용하면 두려움과 불안에 대처하는 최고의 적응 전략을 세울 수 있다고 설명했다. 아기가 부모에게 요구할 것이 있을 때 울거나, 유아가 크고 시끄러운 소음을 들었을 때 아빠에게 달려가는 것과 비슷하게, 어린

71

아들은 상황에서 느끼는 스트레스를 견디고 내적인 혼돈과 불균형에 대처할 수 있는 도움을 엄마에게 받으려 했던 것이다. 이 대처 전략은 타당했지만 아들에게 감정을 조절하고 분리를 견뎌내기에 유용한 기술과 전략이 따로 없었으므로 자신에게도 엄마에게도 스트레스를 유발했다.

노 브레인 반응에서는 아들이 겪는 스트레스 강도와 상관없이 환경에 적응하는 것이 성공의 신호였을 것이다. 수치심에 의존하거나("다른 아이들은 엄마를 찾지 않잖니"), 아이의 감정을 최소화했을 수 있다("너는 이제 다 컸어. 그러니 슬퍼할 이유가 조금도 없단다"). 하지만 대니얼은 아들의 감정을 수용하고 존중하는 예스 브레인 접근 방법을 엄마에게 가르쳤다. 먼저 엄마는 아들과 함께 아침에 헤어지는 일이 얼마나 힘든지, 하지만 일단 유치원에 도착하고 나면 얼마나 재미있는지에 관해 글을 쓰고 그림을 그려 책을 만들었다. 그런 다음 아들이 편안하고 안전하다고 느끼는 몇몇 장소에서 아주 짧은 시간 동안 분리하는 연습을 한 후에, 점차 시간을 늘려가며 분리에 대한 내성을 키웠다. 또 '씩씩한 자세'가 무엇인지 대화하고, '걱정스러운 자세'와 비교하고 나서 씩씩한 자세를 취하는 연습을 했다. 마지막으로 교사에게 도움을 요청해서, 차로 유치원에 도착하면 교사가 나와 아들을 마중하고 엄마가 아들 곁에 잠시 머물 수 있게 했다. 그런 다음 엄마가 자리를

노 브레인 반응은 아이의 스트레스를 증가시킨다

예스 브레인 반응은 아이의 감정에 초점을 맞춘다

뜨면서 아들 눈에 보이지 않는 시간을 서서히 늘려가는 방식으로 분리를 견디는 참을성의 창문을 점차 넓혔다. 이러한 단계를 밟으면서 엄마는 아들의 경험과 감정을 인식하고 존중할 수 있었다.

이 아이에게는 이 기법이 성공했지만 아이마다 다르다는 사실을 기억해야 한다. 따라서 일련의 단계를 외우고 그대로 따르는 것은 효과가 없다. 더욱 균형 잡힌 뇌를 발달시킬 수 있는 기회를 제공하고 그 기술을 구축할 수 있도록 아이를 도와야 한다. 균형 잡힌 생활을 하고, 회복탄력성을 갖춰 너그러우며 윤리적인 사람으로 성장하도록 아이를 돕는 토대는 부모가 아이와 맺은 유대다. 그리고 유대는 언제나 관계에서 시작하고 관계에서 끝난다.

부모와 아이가 맺는 관계의 통합

개인의 뇌에서 일어나는 통합이 어떻게 예스 브레인 상태를 이끌어내는지 이 책의 앞부분에서 살펴보았다. 서로 다른 뇌 영역이 각각 맡은 역할을 수행하는 동시에 중요한 임무를 달성하기 위해 협력하면, 단독으로 기능할 때보다 더욱 효과적으로 통합된다. 부모와 아이의 관계에도 같은 개념을 적용할 수 있다.

통합은 분화된 부분들이 결합할 때 발생한다. 예를 들어 대인 관계에서 개인은 각자 개성을 유지하는 동시에 조정된 전체로서 함께 기능한다. 이러한 방식으로 발생하는 통합은 혼합과는 다르며, 모두 균일하게 만드는 것과도 다르다. 통합이 지닌 매우 중요한 특징은 차이를 제거하지 않고 계속 유지하면서 유대를 형성하는 것이다. 서로 다른 개인이 연결되어야 하므로 건강하고 통합된 관계를 형성하는 일은 결코 만만하지 않다.

부모와 아이의 관계에서 이 점은 특히 중요한데, 두 개인이 긴밀하게 연결되면서도 차이를 존중하며 건강한 통합을 지향해야 한다. 이상적인 상황을 그려보자. 아이가 짜증을 낸다. 하루에 허용된 텔레비전 시청 시간을 이미 넘겼으므로 더 이상 볼 수 없다고 엄마가 말하자 세 살짜리 아이가 성질을 부린다. 아이가 레드 존으로 들어가며 짜증을 내기 시작하면 엄마는 즉시 공감을 표현한다. 엄마가 자기를 이해하고 자기 말을 들어준다는 생각을 아이가 할 수 있게 하기 위해서다. 공감한다는 뜻을 나타내는 말투를 사용하고 부드러운 얼굴 표정을 지으며 이렇게 말한다. "텔레비전을 더 보고 싶구나. 화가 나고 슬프니? 얼마나 힘들겠니. 이해한단다. 자, 엄마한테 오렴."

부모는 아이의 텔레비전 시청에 대한 생각을 바꾸지 않았지만, 아이는 부모가 자기 말을 들어주고 곁에 있어준다는 사실을 알게 된다. 이것이 유대를 형성하는 통합의 모습이다. 뇌와 뇌가 연결되면서 부모는 아이의 감정 상태에 주파수를 맞추고, 아이가 기분이 좋지 않거나 무너지기 시작할 때 '연관contingent' 반응을 보인다. 아이가 하는 말을 듣고 긍정적인 방식으로 직접 반응한다는 뜻이다. 아이의 외부 행동은 물론 내적 상태에 주파수를 맞추는 조율된 결합 덕택에 부모는 아이가 레드 존이나 블루 존으로 들어가 절망하고 무기력한 상태에 빠지려는 것을 감지하고 도울 수 있다. 밖으로 드러나는 행동에만 반응하지 않고 아이의 내적 세계가 어느 존에 있는지 주의를 기울여 파악하면서 아이의 내면과 소통한다. 또 아이를 지지하고 어려운 감정을 견뎌낼 수 있도록 훈련시키고, 아이 스스로 할 수 없는 경우라도 부모가 아이의 감정에 대처할 수 있다는 사실을 보여준다. 부모가 아이에게 주파수를 맞추며 의사소통할 때 아이는 참을성의 창문을 확장하는 법을 배운다.

우리는 이 개념을 다른 문헌, 특히 함께 저술한 《아이의 인성을 꽃피우는 두뇌 코칭》에서 자세히 다뤘다. 훈육은 기술을 가르치는 과정이므로 시간이 흐르면서 아이가 자기통제 기술을 구축함에 따라 부모는 훈육하는 정도를 줄여야 한다. 또 훈육의 핵심은 가르치는 것이므로 아이들은 학습을 받아들이는 상태, 즉 그린 존에 있어야 한다. 감정이 격해지고 반발하는 아이가 그린 존으로 되돌아갈 수 있도록 돕는 비결은 유대감이다. 아이는 저마다 다르므로 우리는 언제나 개인 차이와 발달 차이에 주의를 기울이려 한다. 하지만 대부분의 경우 아이가 균형 잡힌 상태에서 벗어나거나 통제력을 잃을 때 정신건강과 훈육을 위해 부모가 보일 수 있는 가장 효과적인 반응은 유대를 형성하고 방향을 재설정하는 것이다.

그러려면 아이에게 교훈을 가르치거나 문제를 해결하거나 행동을 거론하려 하기 전에 먼저 유대를 형성해야 한다. 아이가 감정을 다쳤을 때도 몸을 다쳤을 때처럼 달래주어야 한다. 유대를 형성한다는 것은 신체적 애정, 공감하는 표정, 이해하는 말로써 곁에서 위로해준다는 뜻이다. 아이의 눈높이보다 아래에서 여유로운 태도와 공감하는 말투로 "엄마가 옆에 있잖니"라고 말하면 훨씬 효과적이다.

이러한 형태의 유대를 구축하면 아이는 그린 존으로 돌아가 마음을 진정시키고 부모의 말을 더욱 잘 받아들인다. 그때 부모는 더욱 바람직한 행동과 의사결정을 지향하는 쪽으로 방향을 재설정하면서 다음에 비슷한 상황에 직면했을 때 시도할 만한 다른 전략을 언급할 수 있다. 그러면서 상황을 바로잡고 적절한 조치를 취하는 것을 포함해 안전한 느낌을 제공하고 아이가 행동에 책임을 지도록 돕는다. 이처럼 유대를 형성하고 방향을 재설정하는 접근 방법의 효과는 부모가 아이와 연결되는 동시에 아이의 감정에 주파수를 맞추는지에 크게 좌우된다.

부모의 건강한 예스 브레인 반응은 아이와 분리될 여유를 제공한다. 아이와 지나치게 결합하는 일을 피하기 위해서는 아이와 분리되지 못하거나 분리와 유대의 균형을 무너뜨리면 안 된다는 뜻이다. 관계에서 균형이 사라지면, 다시 말해 부모와 아이가 분리되지 않은 상태로 유대를 형성하면 아이가 균형 잡힌 삶을 살기 힘들어질 수 있다. 그렇다고 해서 부모가 아이에게 거리를 두거나 더 이상 아이를 사랑하지 말아야 한다는 뜻은 아니다. 유대도 분리도 부모의 사랑과 지지라는 근본적인 요소로 발달시킬 수 있다. 중요한 특징이므로 사례를 들어 자세히 살펴보자.

아이가 폐쇄 증상을 보이거나 감정을 폭발시킬 때 부모가 할 일은 아이의 감정을 떠맡는 것도, 아이를 감정에서 완전히 구출하는 것도 아니다. 무엇이든 어려운 감정을 다루지 않도록 아이를 보호하는 것도 아니다. 금붕어 과자의 꼬리를 다시 붙이려고 강력한 접착제를 찾거나 새 과자를 사주려고 상점으로 달려가지 말고, 연결성을 지속하면서 주파수를 맞추는 동시에 분리 상태를 유지한다. "알고 있단다. 금붕어 과자가 부서져서 몹시 화가 났구나. 지금은 기분이 언짢겠지."

그 순간 부모가 문제를 해결하지 못하더라도 아이는 부모의 공감과 유대를 깊이 경험하기 때문에 균형과 조절의 상태로 돌아갈 수 있다. 그러면 아이는 분리를 경험하는 동시에 통제 불능 상태에 빠지지 않으면서도 부모가 자신의 조절 불능 상태를 수용해준다는 사실을 깨닫고 삶에서 안전감을 더욱 크게 느낄 것이다. 부모와 부모의 원활한 상층 뇌가 아이의 상층 뇌를 활성화하므로 아이는 다시 그린 존으로 돌아갈 수 있다. 이러한 유형의 공동 조절을 시도하면 부모는 아이가 홀로 남겨져 스트레스를 받지 않도록 안전망, 즉 '떨어져도 다치지 않는 부드러운 장소'를 제공할 수 있으며 동시에 아이는 자신의 감정을 온전히 느낄 수 있다.

아이가 조절 불능 상태에 빠진 것을 보고 부모가 통합된 상태를 잃는다고 상상해보라. 이는 분리를 못 하고 지나친 유대를 추구한 결과일 것이다. 아이가 울 때 부모도 바닥에 털썩 주저앉아 흐느끼기 시작한다. 분리가 전혀 이루어지지 않아 지나친 거울 반응을 보이는 것이다. 아이를 즉시 구출하기보다 슬픈 감정에서 빠져나오고 좌절과 감정적 혼돈을 헤쳐나갈 수 있도록 함께 걸으면서, 부모의 존재감과 접촉, 공감을 통해 아이가 그린 존으로 되돌아갈 수 있게끔 이끌어야 한다. 관계에서 말하는 분리는 살아가면서 불가피하게 느끼는 어려운 감정을 아이가 겪게 놔둔다는 뜻이고, 유대는 아이를 안전하게 지키고 균형을 되찾도록 도울 정도의 끈을 유지한다는 뜻이다. 이것이 바로 삶에서 행복을 증진할 수 있는 통합의 힘이고, 예스 브레인 양육의 기술이다.

예스 브레인이 지향하는 이상적 상태를 정리하면 이렇다. 부모와 아이가 충분히 분리되어 있어서 아이 스스로 어려운 경험에 직면할 수 있으며 자기감정을 느끼는 동시에, 부모와 아이가 충분히 연결되어 있어서 부모의 걱정과 위안을 토대로 아이는 신속히 그린 존으로 돌아오고 미래에 그린 존을 확장할 수 있다. 우리는 이 상태를 가리켜 예스 브레인 최적 지점이라 부른다.

○ 예스 브레인의 최적 지점

부모가 보이는 모든 반응이 아이의 예스 브레인 성장을 북돋거나 억제하므로 이상적으로는 자주 최적 지점에 다다르고 충분한 유대와 분리를 적절하게 제공해야 한다. 물론 어떤 양육도 이상적일 수 없기는 하다. 또 어떤 부모도 늘 최적 상태의 양육을 제공하지 못하고, 자주 유대와 분리를 통합하지 못하는 방식으로 반응한다.

통합 스펙트럼의 한쪽 끝에 있는 부모는 분리를 엄격하게 시도해 아이와 멀어진다. 이때 부모는 아이의 감정을 무시하면서

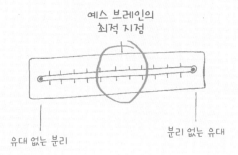

통합 스펙트럼

예스 브레인의
최적 지점

유대 없는 분리   분리 없는 유대

축소하거나 비판하는 방식으로 감정적 불균형에 반응한다. 그 결과 아이는 발달단계상 아직 대처할 준비가 되어 있지 않은 문제까지도 혼자 직면해야 할 수 있다.

부모는 아이와 아이의 감정을 비난하고 폄하하면서 상처를 주고 있다는 사실을 인식하지 못할 때가 많다. 그래서 아이의 감정에 주의를 기울이지 않거나 감정을 부인하고 비하한다. 비난하거나 설교를 늘어놓는다. 아이의 감정에서 물러서거나 마음의 문을 닫아 아이를 당황하게 만들기도 한다. 아이의 감정에 이러한 태도로 반응하는 부모는 사실상 아이가 건강한 인간적인 감정을 느끼고 내면에서 일어나는 현상을 표현한다는 이유로 처벌하는 것이나 매한가지다. 감정을 모두 마비시켜 감정과 경험을 공유해

감정을 무시하는 양육

축소하기

비판하기 / 수치심 주기

거리 두기

예스 브레인 아이들의 비밀

서는 안 된다고 가르치는 것이다.

부모가 그린 존으로 돌아갈 수 있도록 도와주지 않고 앞으로 버거운 감정을 경험할 때 사용할 수 있는 기술을 가르쳐주지 않으면, 아이는 어떤 도움도 받지 못하고 조절 불가능한 상태에 머무른다. 이때 아이가 선택할 수 있는 길은 두 가지다. 더욱 감정이 격해져서 그린 존을 떠나거나 자신이 느끼는 진짜 감정을 부모에게 숨긴다. 충분한 유대가 없는 분리 상태에서 아이는 아무 도움도 받지 못하고 감정적 폭풍우를 견디도록 방치된다. 이런 아이는 감정과 행동의 균형을 달성할 수 없다 해도 조금도 이상할 게 없다.

통합 스펙트럼의 반대편 끝 역시 다른 방식으로 문제가 된다. 부모와 아이가 제대로 분리되어 있지 않은 것이다. 우리는 이러한 상태를 가리켜 밀착enmeshment이라 부른다. 밀착은 부모가 아이의 개성을 존중하지 않거나, 엄마나 아빠의 정체성이 오로지 '부모'일 때 발생한다. 또 밀착은 헬리콥터 양육 현상을 낳는다. 예를 들어 네 살짜리 아이가 밤에 아빠에게만 재워달라고 요구하면 어떤 엄마는 마음의 상처와 슬픔을 느낀다. 또는 아빠가 중학생 아들의 숙제를 대신 해주거나, 딸의 유아원 수업에 참여해 봉사하는 동안 딸이 바나나 껍질을 벗기지 못해 쩔쩔매도 도와주지 말고 내버려두라는 교사의 지시를 따르지 못한다.

이들 사례는 아이를 위해서도 부모 자신을 위해서도 부모가

충분한 분리를 제공하지 못하는 양육

예스 브레인 아이들의 비밀

유대를 줄이고 분리를 늘려야 함을 보여준다. 이러한 부모는 아이가 일정 범위의 감정·욕구·개성을 경험할 때 불편한 심기를 드러낸다. 아이가 겪는 불행이나 몸부림에 대한 참을성의 창문이 매우 좁기 때문에 아이가 감정을 느끼고 실수를 저지르고 교훈을 얻도록 내버려두지 못하고 거듭 나서서 행동하고 구출해버린다.

부모는 가끔씩 아이의 삶에 지나치다 싶게 개입한다. 사랑하기 때문에 생기는 유혹을 이기지 못하고 마땅한 정도를 넘어 지나치게 행동할 때가 있는 것이다. 스스로 하도록 내버려두지 못하고 신발 끈을 매주거나 계산대까지 함께 걸어가서 케첩을 더 달라고 말한다. 또 아이가 어려움이나 도전에 직면할 때 곧장 뛰어들어 아이를 구출하고 편을 들며 '상황을 바로잡는다'. 교사에게 말하고, 아이가 친구와 빚는 갈등에 끼어들고, 코치에게 전화한다.

물론 아이 편에 서서 아이를 변호해야 할 때도 있고, 그러기 위해 맹렬하게 행동해야 할 때도 있다. 여기서 확실히 밝혀야 할 사항이 있다. 부모와 아이의 관계가 무엇보다 중요하다는 점이다. 우리가 출간해온 책들을 읽어봤다면 부모와 아이 사이에 형성된 애정의 중요성을 얼마나 강조하는지 알 것이다. 단순하게 말하자면 부모가 아이에게 지나치게 많은 사랑이나 관심을 쏟는다고 해서 아이를 망치지는 않는다. 따라서 자신이 헬리콥터 부모라고 걱정할 필요는 없다. 그만큼 많은 사랑과 관심을 쏟고 있기 때문이다. 실제로 지난 수십 년 동안 실시한 연구의 결과를 보더라도, 부모가 아이의 행복과 발달에 투자를 많이 할수록 아이는 더욱 건강하고 행복하고 안전해졌다. 학업 중단, 성적 부진 현상 등 아이들이 겪는 문제가 줄어들었다. 어떤 기준을 적용하더라도 부모가 조율과 관계를 강조하면 아이는 순탄하게 살아간다.

하지만 극단을 피하는 것도 아이를 사랑하는 방법이다. 따라서 통합 스펙트럼의 한쪽 끝인 분리 없는 유대를 선택해 아이 문제에 개입하고 아이에게서 어려운 문제에 대처하는 방법을 배울 기회를 빼앗아서는 안 된다. 교사에게 자기 입장을 변호하거나 친구와 생긴 문제에 대처하는 것은 강력한 학습 기회다. 따라서 부모는 아이가 자기 목소리를 내 의사소통 기술을 구사하고, 상층 뇌를 활용해 문제를 해결하는 훈련을 쌓도록 해야 한다. 또 아이 스스로 상황을 다루게 해서 불편을 견뎌낼 수 있다는 사실을 가르쳐야 한다. 회복탄력성과 자신감을 구축하는 가장 훌륭한 방법은 어려운 상황을 성공적으로 다루는 것이다. 반복되는 경험으로 상황을 판단하고 문제를 해결하기 위해 씨름하면서 가능한 해결책을 생각해냈을 때 아이의 뇌는 앞으로 더욱 능숙하게 기능할 수 있도록 준비된다.

부모는 아이에게 자신만만하게 행동하라고 가르치고 싶어 한

엄마,
답답해요~

다. 아이를 믿을 뿐 아니라 상황에 대처할 수 있는 능력이 이미 아이 안에 있음을 믿는다고 알려주고 싶어 한다. 그러면 아이는 여태껏 알지 못했더라도 자신이 얼마나 강하고 유능한지 깨달을 수 있다. 이렇게 아이는 "나는 해냈어!"라고 말하며 어려운 경험에서 벗어날 수 있는 것이다.

　달리 표현하면 부모는 아이를 뽁뽁이로 칭칭 감싸지 말아야 한다. 아이는 소중한 존재이지만 쉽게 무너지지 않는다.

　부모가 아이를 뽁뽁이로 칭칭 감싸서 어떤 불편도 스트레스도 잠재적인 도전도 느끼지 못하게 보호한다면, 아이는 더욱 나약해져 스스로 균형을 잡는 능력을 배우지 못하게 될 것이다. 부모는 무의식중에 아이에게 "네가 이 문제를 해결할 수 있다고 생각하지 않는다. 그러니 내가 나서서 너를 보호해주거나 문제를 대신 해결해주어야 한다"라는 메시지를 전달하는 것이다. 이는 감정을 느끼고 불편을 감수하며 견뎌내다가 결국 해결책을 찾아내 강하고 경험이 풍부한 사람으로 성장하는 훈련을 거칠 특권을 아이에게서 박탈하는 것이나 다름없다.

　아이를 믿는다는 사실을 아이에게 알리고 싶은가? 아이가 경험

통합 스펙트럼의 양극단을 피한다

연결이 충분하지 않다

분리가 충분하지 않다

이 풍부하고 회복탄력성을 갖춰 감정의 균형을 잡으면 좋겠는가? 아이가 도전에 직면했을 때 자리를 박차고 일어나 탄탄하고 원기 왕성한 투지를 발휘하면 좋겠는가? 아이 스스로 감정과 환경의 희생자가 아니라고 생각하면 좋겠는가? 그렇다면 그냥 감정을 느끼게 놔두면 된다. 우유부단, 불편, 낙담, 실망과 씨름하게 하라.

달리 표현하면 분리의 여지 없이 아이와 지나치게 연결되지 않게 하라. 부모의 역할은 힘든 상황과 불편한 감정에서 아이를 구출하는 것이 아니다. 오히려 아이가 견디기 힘든 순간을 헤쳐 나갈 때 유대와 공감을 형성해 함께 걸으면서, 아이 스스로 감정을 느끼고 문제 해결에 능동적으로 참여하도록 하는 동시에, 자신이 가진 능력의 깊이를 깨닫게끔 돕는 것이다. 부모는 아이를 사랑하기 때문에 아이를 보호하고 싶어 한다. 하지만 사랑하는 마음으로 용기를 내서 스스로 강점을 발견할 수 있게 해준다면 아이의 능력은 훨씬 커질 것이다.

부모의 임무는 아이가 넘어지더라도 균형을 잡는 동시에 중요한 교훈을 얻을 수 있도록 놔두면서 아이를 도와주고 언제든 위로할 준비가 된 상태로 곁을 지키는 것이다. 그러려면 분리와 유대를 건강하고 적절하게 유지하면서 예스 브레인 최적 지점을 찾아야 한다.

균형 잡힌 일정과 균형 잡힌 뇌

지금까지 이 책에서는 대부분 아이가 자신의 뇌와 몸을 조절할 수 있도록 내적 균형을 달성하게끔 도와주는 방법을 설명했다. 감정 조절에 기여하는 중요한 외적 요소 중 하나는 아이의 삶에 건강한 성장과 발달을 도모할 여지를 얼마나 두느냐에 있다. 달리 표현하면 균형 잡힌 뇌와 균형 잡힌 일정에는 분명한 관계가 있어서, 아이들이 매분 매초를 계획표에 따라 움직이면서 미리 짜놓은 활동과 숙제를 하느라 허덕이지 말아야 한다.

대개 아이들은 친구와의 우정, 즉흥적인 놀이, 자유 시간 등 호기심을 품고 상상력을 펼칠 기회를 통해 감정 조절 기술을 발달시킨다. 소화해야 할 일정이 많지 않아야 가족, 친구와 더 많은 시간을 보내며 관계에서 파생되는 다양한 교훈을 배울 수 있다. 심지어는 권태도 성장과 학습으로 향하는 중요한 길을 열어준다. 부모는 아이의 학습적인 면을 많이 걱정한다. 하지만 여름이면 어디서나 쉽게 들리는 "심심해요"라는 불평을 아이가 늘어놓을 때 부모가 제공할 수 있는 가장 중요한 교육적 경험은, 예를 들어 "뜰에서 무엇을 할 수 있을지 생각해보렴. 부삽이 있고, 포장용 테이프와 찢어진 정원용 호스가 눈에 띄는걸. 즐겁게 놀아봐!"라고 반응하는 것이다.

우리는 한 친구에게서 노벨상 수상 물리학자인 리처드 파인만Richard Feynman에 얽힌 생생한 일화를 들었다. 친구는 열네 살 때 파인만을 만났다고 했다. 평소에 궁금했던 점을 물어볼 기회가 생기자 파인만에게 어떻게 그처럼 똑똑해질 수 있었는지 물었다. 파인만은 네 살 때부터 부모가 뒤뜰에 고물 집적소가 있는 집에서 자신을 키운 덕택이라고 단순하게 말했다. 어린 파인만은 버려진 기계와 엔진을 만지작거리다가 시계를 고치기 시작했다. 단순한 권태와 할 일을 찾아야 하는 필요성이 결합하면서 온갖 종류의 정신적 도전과 지적 성장을 촉진했고 마침내 지난 수십 년 이래 가장 탁월한 지성인의 한 사람을 키워냈다. 물론 우리는 아이를 집에 가두거나 고물 집적소에서 마음껏 놀 수 있도록 무제한의 자유를 허용해야 한다는 생각에는 찬성하지 않을뿐더러 그렇게 한다 해도 아이를 노벨상 수상자로 키워내리라고 보장할 수 없다. 하지만 아이가 세상을 발견하고 자신이 어떤 사람인지 스스로 깨달을 수 있도록 자유 시간과 공간을 충분히 제공하라고 권하고 싶다.

이 사례는 NASA와 제트추진연구소Jet Propulsion Laboratory의 리더들이 채용 과정을 바꿔야 한다며 제시한 의견에도 부합한다. 그들은 여태껏 국내 최고 대학에서 최고 학점을 받은 졸업생을 채용하는 데 주력해왔는데, 이렇게 채용한 사람 다수가 반드시 능숙하게 문제를 해결하는 것은 아니라는 사실에 주목하기 시작했다. 그들은 학문 체계를 터득하고 공부로 학문 세계에서 금메달을 많이 받았다. 하지만 '고정관념에서 벗어나지 않게 행동하고' 노 브레인 문화에서 좋은 성적을 거두려 노력한다고 해서 난제를 해결하는 창의적이고 독특한 접근법을 발견하지는 못했다. 따라서 기관들은 인재를 채용할 때 아동기와 청소년기에 스스로 손을 써서 놀거나 일해본 경험이 있는 졸업생들을 물색하는 것에 우선순위를 두기 시작했다. 최고의 문제 해결자는 아이일 때 실컷 놀아보고 물건을 만들어봤던 사람이었기 때문이다.

이 사실은 부모와 아이의 관계를 소중히 생각하고 우선시하는 것 외에 부모가 삶에서 균형을 이룰 수 있도록 아이를 돕는 다른 방법을 부각시킨다. 예부터 훌륭한 방법이라 입증되어온 아동 주도 자유 놀이를 시도할 기회와 시간을 충분히 확보해주는 것이다. 놀이하는 동안 시행착오를 겪으며 중요한 감정적·사회적·지적 기술을 탐색하고 발견하고 발달시킬 수 있는 시간을 허용하라. 촘촘하게 짜인 일정을 따르다 보면 아이는 이러한 기회를 놓치기 십상이다.

놀이의 과학

오늘날 많은 아이에게 자유 놀이가 멸종 위기에 놓여 있다는 주장은 과장이 아니다. 집에서 놀이할 수 있는 시간은 꽉 짜인 활동·수업·연습에 밀려난다. 학교에서는 학업을 시작하는 나이가 앞당겨지고, 학습 내용을 숙달하고 표준화 시험에서 좋은 성적을 거두는 데 중점을 두는 지도 방법이 늘어나고 있다. 그만큼 앉아 있어야 하는 시간이 많아지고, 아이들이 탑을 쌓고 술래잡기를 하고 가상 놀이를 할 시간이 줄어든다는 뜻이다. 게다가 미디어와 전자제품 등이 아이들의 생활과 마음을 지배하면서 예전에 놀이가 차지했던 영역을 잠식하고 있다.

이렇게 아이들의 시간을 놓고 경쟁하는 활동들이 본질적으로 나쁜 것은 아니다. 진짜 문제는 인간과 기타 포유류를 최적 상태로 발달시키는 데 필수적인 놀이를 대체하는 정도가 점점 커지는 것이다. 예를 들어 쥐는 상층 뇌, 즉 상층 피질이 잘 기능하지 않아서 기억과 학습을 포함한 인지 능력의 한계를 경험하더라도 놀이를 멈추지 않는다. 신경과학자 야크 판크세프Jaak Panksepp의 연구 결과에 따르면 놀이의 필요성과 놀이를 향한 추진력은 뿌리 깊을 뿐 아니라 원시적인 포유류의 욕구로서, 생존과 유대를 추구하는 다른 본능적인 충동과 마찬가지로 하층 뇌, 즉 뇌의 하위 구조와 관련이 있다. 뇌의 하위 영역은 더욱 통합된 뇌를 발달시키면서 상위 피질의 성장에 직접적으로 영향을 미친다. 스튜어트 브라운Stuart Brown은 사형 선고를 받고 집행을 기다리는 살인범들을 대상으로 연구를 실시한 끝에 그들이 겪은 어린 시절에서 두 가지 주요 공통점을 밝혀냈다. 살인범들은 어떤 형태로든 학대받았고 어린 시절에 놀이를 박탈당했다는 것이다.

이러한 연구 결과는 어린 시절을 피아노 수업, 화학 캠프, 방과 후 학습 프로그램에 몰두하며 보내지 말고, 아이가 아이다울 수 있으면서 그냥 놀 수 있어야 한다는 근본적인 필요성을 인정하는 것이 중요하다고 지적한다. 물론 음악·과학·학문 모두 중요하고 텔레비전을 시청하는 것도 나름대로 의미가 있다. 분명히 말하지만 우리는 아이들이 기술을 습득하는 것에 반대하지 않는다. 아이에게 특정 재능을 습득하겠다는 깊은 열정이 있으면 그 열정을 추구해야 한다. 하지만 상상하고 호기심을 나타내고 단순히 놀이를 즐길 수 있는 기회를 아이에게서 빼앗으면 안 된다. 이러한 기회야말로 아이가 성장하고 발달하면서 자신이 누구인지 발견할 수 있게 해주기 때문이다. 이렇게 생각해보자. 자유 놀이는 예스 브레인 활동이다. 아이가 평가당하거나 위협을 느끼지 않고, 상상력을 탐색하고 행동하면서 또 타인과 상호작용하면서 상황을 시험해보기 때문이다. 자유로운 놀이는 규칙이 정해진 스포츠와 다르다. 그러나 둘 다 아이의 삶에 일정 역할을 담당한다. 운동 경기에서 이기고 지는 규칙과 공동 설정은 옳고 그름으로 가르는 평가 인식을 형성한다. 자유로운 놀이를 누리는 아이는 상상력을 자유롭게 탐색할 수 있다.

예부터 인간은 놀이에 대한 욕구를 타고났다. 최근 연구 결과들이 이 점을 반복해 지적하고 있다. 우리가 직관적으로 예상하듯 놀이가 스트레스를 줄여준다고 주장하기도 한다. 이러한 결과는 빈곤해서 생활고에 허덕이든, 있는 자원으로 성취를 많이 이루든 상관없이 사회와 학교에서 목격할 수 있다. 더 의외인 결과도 있다. 예를 들어 연구자들은 단지 장난감 블록을 가지고 놀기만 해도 유아의 언어가 발달한다고 주장한다. 부모가 차로 데려다 놓고 난 후에 유치원생을 추적해보면, 유치원에 도착하고 나서 놀이를 한 아이들이 교사가 책을 읽어준 아이들보다 차분했고 균형감각을 발휘해 분리 상황을 더욱 잘 견뎌냈다. 단순히 노는 행동이 감정을 조절할 때 보호 요소로 작용한 것이다.

이런 조사를 해보지 않은 상태에서 사람들은 놀이에 대해 일반적으로 어떻게 주장할까? 아이들이 그저 시간을 때우거나 즐기기 위해 놀 뿐이며(이것도 물론 좋기는 하지만), 정신을 향상시켜줄 '건설적인' 일을 하는 것도 아니고 딱히 무언가를 '성취하는'

것도 아니라고 말한다. 하지만 놀이의 과학을 연구한 사람들은 놀이라는 행위 자체가 그저 순간을 즐기는 수준(우리는 이것도 본질적으로 좋다고 굳게 믿는다)을 넘어서서 인지적<u>으로</u>도, 비인지적<u>으로</u>도 무한한 혜택을 제공한다고 주장한다. 놀이는 아이들이 하는 일이다. 놀이를 통해 아이들은 계획하고, 예측하고, 결과를 예상하고, 예상하지 못했던 상황에 적응하는 등 집행 기능을 강화하는 동시에 언어 능력과 문제 해결 능력을 향상시키면서 인지적 기술을 구축한다. 이것은 모두 예스 브레인 기술이다! 놀이는 통합을 촉진한다. 놀이를 하면 아이들의 사회성 기술과 관계적 기술은 물론 수사적 기술까지 발달한다. 운동장에서 벌어지는 정치에서 협상해야 하고, 게임이나 집단의 명시적·암시적 규칙을 결정해야 하기 때문이다. 자기 마음대로 할 수 없을 때는 다른 아이들과 타협하면서 어떻게 놀이에 끼어들지 파악해야 한다. 아이들은 공정하기, 순서 지키기, 융통성 발휘하기, 윤리적으로 행동하기 등을 배운다. 또 놀이에서 소외된 아이들을 대하는 방식을 결정할 때는 공감과 관계된 딜레마에 직면한다.

이러한 사회성 말고도 놀이는 균형을 이룬 뇌를 형성하는 데 유익하게 작용하면서 심리적·감정적 이점을 제공한다. 아이들은 놀이를 하면서 실망에 대처하고, 주의를 집중하고, 세상을 이해하는 등 온갖 종류의 예스 브레인 자질을 발달시키는 훈련을

예스 브레인 아이들의 비밀

한다. 여러 역할에 이입해보고 두려움과 무력감을 이겨낸다. 감
정적 균형과 회복탄력성을 구축하고, 자기 뜻대로 상황이 돌아가
지 않을 때 좌절을 견디는 능력을 발달시킨다. 모두 놀도록 허락
을 받았기 때문에 가능한 일이다.

일정이 지나치게 빡빡한 아이

놀이, 자유 시간의 중요성, 균형 잡힌 일정에 대한 설명을 들은 부
모들은 정작 이 책의 저자인 우리가 아이를 키울 때는 이러한 문

제를 어떻게 처리하느냐고 자주 묻는다. 아이를 낳기 전에 티나는 엄마가 되면 아이에게 한 번에 한 가지 활동만 시키겠다고 결심했다. 아이들이 소화해야 하는 일정이 빽빽할 때 어떤 위험에 빠질 수 있는지 들었고, 지나치게 많은 활동에 참여하는 아이들이 얼마나 지치고 힘들어하는지 알기 때문이었다. 아이들은 가족과 보낼 시간이 없고, 지칠 대로 지쳐 결국은 부모가 바라는 어떤 활동도 하기 싫어한다. 티나는 이러한 상황을 이해해 아이가 댄스 수업을 듣고 싶어 하면 그 수업을 마칠 때까지 다른 활동은 시키지 않겠다고 선언했다. 이와 마찬가지로 아이가 스포츠를 하고 싶어 하면 시즌이 끝날 때까지 다른 활동에는 전혀 참여시키지 않겠다고 마음을 먹었다. 아이의 일정을 과도하게 잡지 않겠다고 결심했던 것이다. (우리는 가상의 아이에게만큼은 언제나 이상적이고 훌륭한 부모다!)

그러다가 큰아이가 태어났고, 티나는 아들에게 열려 있는 온갖 기회와 아들의 다양한 관심사를 보았다. 그러자 한 번에 한 가지 활동만 시키겠다는 다짐이 시험대에 오를 것 같다고 말했다. 티나 부부는 아들에게 피아노 레슨을 시키고 싶었다. 하지만 아들은 학교 친구들과 함께 컵 스카우트Cub Scouts(보이스카우트 가운데 초등학생을 대상으로 하는 조직 – 옮긴이)에 가입하고 싶어 했다. 게다가 운동에 열렬한 흥미를 보이면서 매 시즌 온갖 스포츠 경기에서 뛰고 싶어 했다.

피아노, 컵 스카우트, 스포츠, 여기에 놀이 약속, 숙제, 가족 외출을 포함한 많은 활동을 모두 어떻게 일정에 짜넣어야 할까? 지금 티나는 큰아이 밑으로 기회와 열정이 각기 다른 아이가 둘 더 있다!

대니얼도 아이를 키우면서 같은 경험을 했다. 이런저런 음악회와 배구 토너먼트에 참석하느라 오후와 저녁 시간을 정말 바쁘게 보냈다. 이러한 활동은 양육의 영역에 포함되고, 우리는 아이에게 그토록 소중하고 재밌는 선택사항이 많은 것에 늘 감사한다. 하지만 활동이 지나치게 많다는 건 대체 어느 정도를 뜻할까?

이는 균형의 문제일 뿐 아이에 따라 다르다는 점을 다시 한번 강조하고 싶다. 아이들의 일정이 지나치게 빽빽한 것은 많은 가정에서 당연히 우려해야 하는 문제라고 우리는 믿는다. 하지만 일부 가정에서처럼 일정이 지나치게 느슨해 아이가 하루에 몇 시간이고 텔레비전 앞에 앉아 있는 것도 문제다. 우리 둘의 아이들은 도전 의식을 부추기는 학교에 다니면서 온갖 종류의 활동에 참여했으므로, 오히려 아이들이 지나치게 바쁘지는 않은지 이따금씩 걱정해야 했다. 하지만 아이들의 흥미를 좇아 건전한 균형을 맞추기 위해 여러 해 동안 끊임없이 노력한 결과 지금 심정으로는 현실적이고 합리적인 노선을 택하고 싶다. 일반적으로 아이들은 활동하는 것을 좋아한다. 그러므로 활동을 많이 하는 것이 건전하다. 부모가 자유로운 시간을 누릴 여유를 만들어주는 동시에 가족 전체를 볼모로 잡는 활동 일정을 짜지 않는다는 조건을 충족한다면, 아이들의 열정을 지지해주고 자신들이 좋아하는 재밌는 활동에 참여시키고 싶다.

그렇다면 어떻게 건강한 예스 브레인 균형을 맞출 수 있을까? 우리는 사무실을 찾아오는 부모들에게 다음 몇 가지 질문을 자문하며 대답해보라고 조언한다.

- 아이가 자주 피곤해하거나 심술을 부리는가? 스트레스를 받거나 불안하다는 신호를 보내는 등 불균형 상태를 가리키는 다른 지표를 보이는가? 스트레스에 시달리고 있는가?
- 너무 바빠서 아이에게 놀거나 창의성을 발휘할 자유로운 시간이 없는가?
- 아이의 수면 시간은 충분한가? (아이가 많은 활동에 참여하느라 잠자리에 들어야 할 시간에 숙제를 시작한다면 문제다.)
- 아이의 일정이 꼭 차 있어서 친구나 형제와 마음 편하게 놀 시간이 없는가?
- 가족 모두 너무 바빠서 함께 저녁식사를 하지 못하는 경우가 많은가? (식사 때마다 가족이 모두 모여야 하는 것은 아니다. 하지만 함께 식사를 하는 일이 거의 없다면 문제다.)
- 아이에게 늘 서두르라고 말하는가?

- 내가 매우 활동적이고 워낙 스트레스에 시달리다 보니 아이와 갖는 상호작용은 대부분 대응적이고 성급한가?

위 질문 중 하나라도 그렇다고 대답했다면 잠시 한숨 돌리면서 아이가 지나치게 많은 활동을 하고 있는 것은 아닌지 진지하게 생각해봐야 한다.

반면에 아이에게서 일정이 지나치게 빽빽하다는 신호를 전혀 감지할 수 없다면 아마도 이 문제는 걱정할 필요가 없을 것이다. 아이가 활동적이고 잘 성장하면서 행복할 가능성이 크고, 부모인 당신은 건강한 균형을 이루면서 예스 브레인을 성장시키고 발달시키는 방법을 찾았을 것이기 때문이다. 모든 아이가 다르므로 욕구도 천차만별이고 일상의 리듬도 다르다. 따라서 각 아이의 특유성을 존중하는 것이 중요하다.

○
부모의 역할:
균형을 키우는 전략

잠자는 시간을 최대로 늘려라

우리는 만성적으로 잠이 부족한 세상에 살고 있다. 젊은 사람들

은 지나친 불안과 우울함에 시달리고 이 두 가지 진단과 관련된
많은 증상은 만성적인 수면 부족 때문에 발생하거나 확대된다.
특히 부모나 학교가 (물론 좋은 의도겠지만) 하루 일정을 능력계발
활동으로 가득 채우는 탓에 아이들은 수면 시간을 자주 뺏긴다.
얄궂게도 부모는 교육 관련 활동에 그치지 않고 재미와 가족에
쏟는 시간도 열성적으로 확보하기 위해 매우 중요한 수면을 희
생시키는 일이 많아서 아이가 잠자리에 드는 시간은 자꾸만 뒤
로 밀려난다.

수면은 균형을 이룬 뇌와 신체에 반드시 필요하며, 이러한 휴
식 시간이 줄어드는 것은 큰 문제다. 예를 들어 수면을 둘러싸고
새로 부상하는 주장에 따르면, 하루 동안 정신이 점화되면서 불
가피하게 발생한 독소를 정화하며 신선하고 말끔한 뇌로 새 하
루를 시작하려면 적절한 수면이 필요하다! 수면은 뇌 건강에 필
수적이다. 충분하게 잠을 자지 못하면 주의를 집중하거나 기억
및 학습하고, 인내심과 유연성을 발휘하며, 심지어 자신이 먹는
음식을 적절하게 처리하는 능력을 포함해 뇌와 신체가 거치는
모든 과정이 손상을 입는다.

성장기 아이는 당연히 어른보다 잠을 훨씬 많이 자야 한다. 미
국 수면학회American Academy of Sleep Medicine는 미국 소아과학
회American Academy of Pediatrics의 지지를 받은 지침을 발표하면서

아이들은 몇 시간이나 자야 할까?

4~12개월 ⇨	12~16시간 (낮잠 포함)
1~2세	11~14시간 (낮잠 포함)
3~5세	10~13시간 (낮잠 포함)
6~12세	9~12시간
13~18세	8~10시간

• 이 지침은 추천사항일 뿐이다. 아이에 따라 필요한 수면 시간도 다르다.

나이별 수면 시간을 추천했다.

아이에게 필요한 수면 시간은 길다. 잠이 부족하면 그린 존이 축소되고 참을성의 창문이 좁아져서 감정이 격해지기 쉽고 자신을 조절하는 능력뿐 아니라 문제를 해결하는 능력까지 줄어든다. 그래서 아이가 친구와 밤을 보내도 되느냐고 물어볼 때 거절하는 경우 부모는 아이가 심술을 폭발시킬까 봐 불길해하고 겁을 낸다. 아이가 토요일이나 일요일 오후에 지나치게 피곤하고 짜증을 잘 내서 블루 존과 레드 존에 들어가는 것도 양육할 때 자주 다뤄야 하는 상황이다.

하지만 아이에게 수면 문제를 일으키고 블루 존과 레드 존의 상태를 유발하는 요인은 밤샘 놀이만이 아니다. 잠을 방해하는 몇 가지 다른 요인을 알아보자.

- **지나치게 빽빽한 일정**: 활동이 지나치게 많아서 가족의 취침 시간이 늦춰지고 있는지, 아이들의 수면 시간을 잠식하고 있는지 생각해보라. (다음에 서술한 예스 브레인 전략에서 구체적인 계획을 알아볼 것이다.)

- **혼란스럽거나 시끄러운 환경**: 집이나 이웃이 밤에도 움직임이 많고 시끌벅적하거나, 방을 같이 쓰는 형제의 잠자는 시간이 다르면 규칙적인 수면 습관을 길러주기가 결코 쉽지 않다. 이러한 환경은 부모가 쉽게 바꿀 수 없기 때문이다. 그렇다면 불빛을 차단하거나, 아이가 잠이 들고 나서 방으로 옮기거나, 백색잡음을 이용해 소리를 차단하는 등 창의적인 아이디어를 생각해낼 필요가 있다.

- **부모의 근로 시간**: 부모가 일하느라 늦은 시간까지 집에 올 수 없어서 함께 저녁식사를 하지 못하거나 숙제를 도와주지 못하면 아이가 제때 잠자리에 들지 못할 가능성이 있다. 이러한 환경은 쉽게 바꿀 수 없으므로 아이의 형제나 이웃에게 숙제를 도와달라고 부탁하거나, 주중에는 아이들에게 저녁식사를 일찍 주게 하고, 부모가 집에 도착하고 난 후에는 책을 읽어주며 아이들을 재운 다음 저녁식사를 하는 등 새로운 아이디어를 생각해낼 필요가 있다. 가족마다 어떤 방법이 가장 효과적인지 검토해보아야 할 것이다.

- **잠자는 시간을 둘러싼 신경전**: 잠자리에 드는 시간을 둘러싸고 다툴 소지가 있거나, 걱정하거나 스트레스를 받을 때 뇌는 수면과 수면 과정 전체를 부정적으로 연상하므로 잠자리에 들지 않겠다고 훨씬 강하게 거부할 것이다. 따라서 아이가 수면을 스트레스를 유발하는 전투적인 과정이 아니라 안전하고 편히 쉴 수 있으며 나아가 유대를 이루는 긍정적인 과정으로 연상할 수 있어야 한다. 그러려면 책을 읽어주거나 안아주고 곁을 지키는 시간을 늘리는 등 수면 과정을 다시 설계해야 할 수 있다. 유대를 강화하면 아이는 틀림없이 더욱 빨리 평화롭게 잠이 들 것이므로 부모는 자신만의 시간을 더 많이 확보할 수 있고 아이와 씨름하는 시간도 줄일 수 있다.

- **잠으로 빠져드는 시간의 불충분함**: 우리는 아이들에 대한 사실을 많이 발견할수록 신경계의 필요를 충족시키는 것이 매우 중요하다고 절감한다. 특히 아이를 재우려면 아이의 몸과 신경계가 안정을 취할 수 있게 해주어야 한다. 사람은 잠에 들 때 깨어 있는 상태에서 잠자는 상태로 곧장 진입하지 않는다. 점차 잠으로 빠져들 수 있도록 신경계가 속도를 늦추기 시작하는 '하향조절downregulation' 과정을 거친다. 따라서 부모는 아이가 잠들 수 있도록 뇌에 미리 정보를 주고 더욱 낮고 느린 신체 각성 상태로 옮겨갈 시간을 주어야 한다.

물론 이러한 뇌의 균형과 수면의 관계가 아이들에게만 적용되는 것은 아니다. 어른의 경험을 생각해보자. 수면이 부족하면 뇌의 균형도 깨지지 않는가? 인내심이 줄어들고 감정을 조절하는 능력도 감소하지 않는가? 다만 어른은 피곤하더라도 통제력을 유지할 수 있는 훈련을 여러 해 동안 해왔다는 점이 아이와 다를 뿐이다. 어른이 수면 문제를 항상 능숙하게 해결하는 것은 아니지만, 이미 뇌가 충분히 발달한 상태이며 수면 문제를 향상시킬 수 있는 기회도 더 많았다. 또 일반적으로 잠이 부족할 때 나타나는 단점을 더욱 잘 알고 있으므로 자신을 보다 면밀히 관찰할 수 있다. 반면에 아이들은 레드 존이나 블루 존으로 쉽게 빠질 수 있고, 혼자서 그린 존으로 돌아올 기술을 아직 온전히 발달시키지 못했다. 따라서 아이가 낮 동안 균형 잡힌 감정과 조절된 행동이 주는 혜택을 누릴 수 있도록 밤에 수면 시간을 최대로 늘릴 수 있는 방법을 생각해보라.

건강한 마음 접시

미국 농무부는 식품 피라미드를 접시 그림으로 대체하면서 '내 접시를 고르시오choose my plate'라는 명칭으로 발표했다. 식품 접시에는 신체건강을 최적화하기 위해 매일 섭취해야 하는 식품의 종류를 과일, 채소, 단백질, 곡류, 유제품 등의 식품군으로 나누었다.

아이가 건강한 정신적·감정적 균형을 이루고 강력하면서도 균형 잡힌 마음을 얻기 위해 필요한 활동의 일일 권장량은 얼마일까? 어떤 경험이 통합을 키우고, 아이와 어른을 도와 서로 차이를 존중하고 공감하면서 관계를 맺게 하며, 뇌 부위를 연결하고, 가족과 공동체의 구성원을 한데 묶을까?

이러한 질문에 대답하기 위해 대니얼과 신경과학 조직 컨설팅 분야의 리더인 데이비드 록David Rock은 시각적 이미지를 사용해 '건강한 마음 접시Healthy Mind Platter'를 고안했다. 이 접시에는 뇌영역을 최적화하고 균형과 웰빙을 추구하기 위해 우리가 앞에서 설명한 놀이와 수면을 포함해 아이에게 매일 필요한 일곱 가지 정신 활동을 담았다.

- **집중 시간**: 목표 지향적인 방식으로 임무에 면밀하게 집중할 때 뇌에 깊은 연결성을 형성할 기회가 생긴다.
- **놀이 시간**: 자발성과 창의성을 발휘하도록 허용하고 기발한 경험을 즐기면 뇌에 새로운 연결을 형성하는 데 유용하다.
- **유대 형성 시간**: 이상적으로는 타인과 직접 소통하거나, 주위 자연계와 형성하고 있는 관계를 시간을 내서 인식하면 뇌에 있는 연결회로가 활성화되고 강화된다.

- **신체 활동 시간**: 몸을 움직이고 의학적으로 문제가 없는 경우에 유산소 운동을 하면 많은 측면에서 뇌가 강화된다.
- **몰입 시간**: 감각·이미지·감정·생각에 집중하면서 마음속으로 조용하고 깊게 생각하면 뇌를 더욱 잘 통합할 수 있다.
- **휴식 시간**: 구체적인 목표를 세우지 않고 집중하지 않는 상태를 유지하면서 마음을 단순히 휴식하게 놔두면 뇌를 재충전할 수 있다.
- **수면 시간**: 뇌가 필요한 만큼 쉬게 하면 배운 것을 다지고 그날 겪은 경험에서 마음과 몸을 회복할 수 있다.

이 일곱 가지 일일 활동은 뇌와 연결성이 최고 상태로 기능하는 데 필요한 '정신적 영양소'의 종합 세트다. 날마다 각 활동을 시도할 기회를 주면 아이의 삶에 통합을 키우고 뇌를 활성화시켜 활동을 조율하고 균형을 맞출 수 있다. 이 필수적인 정신 활동은 아이 뇌의 내적 연결을 강화할 뿐 아니라 자신, 타인, 주변 세상과 맺는 네트워크를 강화한다. 일곱 가지 활동에서 하나라도 지나치게 많거나 적으면 문제가 될 수 있다.

따라서 균형을 이룬 뇌를 위한 예스 브레인 전략 두 번째는 건강한 마음 접시에 담긴 다양한 요소를 아이의 경험과 일정으로 채우는 것이다. 예를 들어 아이는 학교에서 놀이 시간, 유대 형성 시간과 함께 집중 시간을 많이 보낼 수 있다. 그리고 댄스 수업에

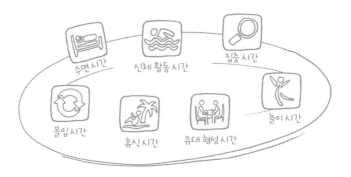

건강한 마음 접시

뇌 영역의 최적화를 위한 건강한 마음 접시

출처: the Healthy Mind Platter copyright © 2011 David Rock and Daniel J. Siegel

출석하거나 스포츠 경기를 하면서 신체 활동 시간을 즐길 것이다. 하지만 일주일 동안 가족의 전형적인 일정을 검토하면 아이가 몰입 시간과 휴식 시간을 충분히 보내지 못하거나 수면 시간이 부족하다는 사실을 깨달을지 모른다.

아니면 아이가 자기 성찰적 성향을 보여 조용히 정신을 집중해서 몰입하는 시간을 많이 보낼 수 있다. 그렇다면 아마도 몸을 움직이는 신체 활동 시간을 늘리거나, 친구와 놀이를 하거나 가족과 식사를 함께하는 유대 형성 시간을 늘려야 할 것이다.

부모가 성적을 지나치게 강조하면서 집중 시간을 많이 보내라고 요구하면 아이는 접시에 있는 다른 활동에 대해 건강한 양만큼 시간을 보내기 힘들다. 전 과목에서 A를 받거나 모든 과제를 완벽하게 수행하는 아이는 드물다는 사실을 명심해야 한다. 부모가 다른 활동보다 학문적 탁월성과 성취를 강조하면 아이는 자신이 무엇을 하든 결코 뛰어날 수 없다고 느낄 수 있다. 아동 심리학자이자 작가인 마이클 톰슨Michael Thompson은 많은 아이와 십대에게서 부모가 자신보다 성적에 더욱 신경을 쓴다는 말을 듣는다고 말했다. 그러면 부모는 발견의 여정이 아니라 정해진 종착역에, 노력이 아니라 결과에 초점을 맞추는 것이다. 정말 많은 십대에게서 불안과 우울의 수위가 높아지고, 이러한 감정을 누그러뜨릴 유대 관계가 감소하는 것은 의외의 일이 아니다.

우리는 앞에서 제시한 대략적인 수면 지침을 제외하고 건강한 마음 접시에 담긴 각 활동에 시간을 얼마나 할애해야 하는지 구체적인 조건을 제시하지는 않을 것이다. 필요는 아이마다 다르고 게다가 시간이 흐르면서 바뀌므로 건강한 정신에 걸맞은 정확한 활동량도 다르기 때문이다. 따라서 신체의 필수 영양소를 생각할 때와 마찬가지로 정신 활동의 전체 필요량을 고려하면서, 최선을 다해 아이의 정신적 식이에 적절한 영양분을 조금씩이라도 매일 시간을 두고 제공하려는 태도가 중요하다. 아이가 며칠 동안 줄기차게 피자만 먹는 것을 원하지 않듯 부모도 아이의 수면 시간

예스 브레인 아이들의 비밀

을 줄이고 집중 시간만 강요하지 말아야 한다. 다시 강조하지만 하루 일과에 필수적인 정신 활동을 균형 있게 배치하는 것이 관건이다. 균형과 정신적 건강은 타인 및 주변 세상과 맺은 관계, 뇌 안에 형성된 연결을 강화할 때 달성할 수 있다.

그런데 부모 입장에서는 삶의 균형을 이룰 수 있도록 전력을 기울여 아이를 양육하는 것이 약간 두려울 수 있다. 일반적으로 사회가 지향하는 방향을 따라가지 않겠다고 선택하기가 힘들 때도 있기 때문이다. 자신에게 맞는 방향으로 아이를 발달시키기 위해 지나친 개인 과외나 능력계발 수업을 줄이다 보면 소신이 있더라도 두려울 수 있다. 하지만 좁은 의미의 정의를 넘어서는 성공을 추구하려 노력해야 한다. 과제량에 대해 아이가 다니는 학교와 소통하고, '성공'의 쳇바퀴에서 내려와 아이와 가족에 최선인 일을 실천하라.

또 건강한 마음 접시를 항상 염두에 두어야 한다. 정신 활동의 범위에 초점을 맞추면서 주의를 기울이면 다른 방식으로 발달할 기회를 뇌에 풍성하게 줄 수 있다. 놀거나, 일하거나, 곰곰이 생각에 잠기거나, 연결하느라 시간을 보내면 그만큼 기술을 배우고 쌓을 수 있다. 아이에게 일곱 가지 정신 활동에 쏟을 시간을 확보해주면 아이의 뇌가 점화되어 더 넓은 범위의 정신 활동이 가능하도록 각 부위를 연결할 뿐 아니라 균형 잡힌 삶의 리듬과 감정을 안겨준다. 건강한 마음 접시를 지속적으로 인식하면서 아이에게 가르치기만 해도 균형과 정신적 웰빙을 매일 추구할 수 있다.

○
예스 브레인 아이:
아이에게 균형을 가르쳐라

부모는 아이에게 균형을 이룬 뇌의 개념을 가르칠 수 있다. 균형과 전반적인 의미의 예스 브레인 상태에 대해 아이와 대화하는 것은 정신적·감정적 건강의 기본 개념을 이해시키는 데 유용한 방법이다. 또 아이가 가족 일정과 정신의 전반적인 균형이 중요하다는 사실을 이해할수록 삶의 균형에서 벗어났을 때 분명히 의사를 표현할 수 있을 것이다.

이 책은 아이와 이런 종류의 대화를 시작할 때 부모에게 도움을 주기 위해 각 장의 끝부분에 '예스 브레인 아이'를 수록했다. 이 부분을 함께 읽으면서 아이에게 예스 브레인에 대해 가르쳐라. 원래 5~10세 아이를 대상으로 쓰기는 했지만 아이의 나이와 발달단계에 맞춰 적용하기 바란다.

균형을 가르치는 방법

모든 일이 순조롭게 풀리고 스스로 상황을 잘 다루는 것 같을 때 어떤 기분인지 아는가? 이러한 상태를 가리켜 그린 존에 있다고 말한다.

하지만 때로 기분이 나쁘다. 정말 화가 날 수도 있고, 두렵거나 긴장할 수도 있다. 울거나 소리를 지르고 싶을 수도 있다. 이러한 상태를 가리켜 레드 존에 있다고 말한다.

아니면 기분이 나빠 입을 다물거나 혼자 있고 싶어 하면서 사람을 멀리한다. 아마도 몸이 국수처럼 축 처질 것이다. 이러한 상태를 가리켜 블루 존에 있다고 말한다.

기분이 나빠 그린 존으로 돌아가고 싶을 때마다 사용할 수 있는 간단한 전략이 있다. 한 손은 가슴에, 다른 한 손은 배에 올려놓는다. 그 상태로 앉아 호흡을 한다. 마음이 얼마나 진정되는지 알겠는가?

밤에 졸리고 눈꺼풀이 무겁게 내려앉아 몸에서 긴장이 풀리기 시작하면 이 전략을 다시 시도한다. 매일 밤 잠들기 직전에 다시 훈련하고 마음이 얼마나 진정되는지 살핀다.

올리비아는 학교에서 친구들이 같이 놀아주지 않을 때 이 전략을 썼다. 소외되자 마음이 아팠고, 자신이 블루 존에 들어가고 있다고 느꼈다. 그래서 울기 시작했고 그냥 사라져버리고만 싶었다.

하지만 블루 존 감정을 감지하고 한 손을 가슴에, 다른 한 손을 배에 올려놓고 마음을 진정시켰다. 이내 기분이 좋아지면서 그린 존으로 옮겨갔다. 여전히 약간 슬프기는 하지만 곧 괜찮아지리라고 생각했다.

다음에 슬프거나 화나거나 두려울 때 이 기술을 사용하라. 이렇게 연습을 해두면 언제든 사용할 수 있도록 준비가 되어 있으므로 필요할 때 그린 존으로 돌아갈 수 있다.

예스 브레인 아이들의 비밀

예스 브레인 부모:
부모의 균형을 키워라

잠시 짬을 내서 자신의 삶이 얼마나 균형 잡혀 있는지 생각해보라. 대답을 찾기 위해 다음 세 가지 질문을 살펴보자. 대답을 글로 기록하고 싶을 수도 있고, 이러한 질문이 자신에게 어떻게 영향을 미치는지에 관해 다른 부모와 이야기해보고 싶을 수도 있다.

- 자신의 그린 존을 생각해본다. 나는 그린 존을 얼마나 쉽게 떠나는가? 일단 레드 존이나 블루 존으로 들어가고 나면 그린 존으로 돌아오는 것이 얼마나 힘든가? 전반적으로 이러한 질문에 대해 생각하되 주로 아이와 관련한 경험에 초점을 맞춘다. 그린 존, 레드 존, 블루 존 중에서 나는 대부분 어느 영역에 있는가?

- 나는 아이와 형성한 관계에서 통합을 얼마나 달성하고 있는가? 아이와 지나치게 연결되지 않고 분리되어서 아이가 자기감정을 스스로 보호하게 놔두는가? 아니면 지나치게 분리되지 않고 연결되서 밀착 관계를 형성하고 있는가? 통합 최적 지점에 있을 때 부모는 아이의 나이와 개인적 기질에 맞게 여지를 주면서 아이와 감정적으로 연결되고 아이를 지지한다. 아이와 보내는 시간에서 통합

115

최적 지점에 머무는 시간이 차지하는 비율은 얼마인가?

- 나 자신의 건강한 마음 접시는 어떤가? 접시를 다시 보되 이번에는 내가 매일 소화하는 개인적인 일정을 구체적으로 살펴보고 시간과 에너지를 어떻게 소비하는지 생각해본다.

앞의 세 가지 질문을 염두에 두고 잠시 시간을 내서 자신이 대부분의 시간을 보내는 방법을 생각해보고 마음 접시를 그려보라. 원 하나를 그리고 나서 파이 그래프를 그리듯 하루 24시간을 뜻하도록 원을 24개 조각으로 나눈다. 하루에 수면 시간, 신체 활동 시간, 유대 형성 시간으로 몇 시간을 쓰는가? 당신이 그린 접시는 다음과 같을 모습일 것이다.

하루에 사용하는 시간의 양을 생각할 때 건강한 마음 접시에 담긴 활동 중 어디에 쓰는 시간이 지속적으로 짧은가? 비현실적인 입장을 강요하려는 것은 아니다. 원래 부모는 환경적으로 시간을 바람직하게 할당할 수 없기 마련이다. 어린아이가 있을 때는 특히 그렇다. 이때는 잠자거나 생각에 잠기거나 마음의 접시를 그리는 것은 고사하고 식사하거나 화장실에 갈 시간조차 내기 힘들 수 있다. 우리도 다 겪은 일이므로 부모의 심정을 이해한다.

하지만 지금 당장 비현실적이라는 생각이 들더라도 자신이 얼마나 균형을 유지하며 생활하고 있는지 평가해보는 것은 유용하

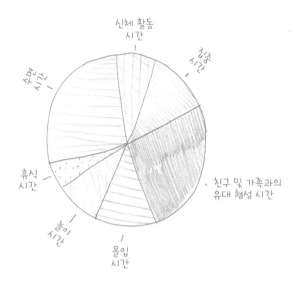

신체 활동
시간

집중
시간

수면
시간

휴식
시간

놀이
시간

몰입
시간

친구 및 가족과의
유대 형성 시간

다. 예를 들어 수면, 운동, 집중, 휴식을 포함해 건강한 마음 접시에 담긴 필요한 일일 활동 중 자신이 놓치고 있는 것이 무엇인지 파악하기만 하더라도, 당장 충족되지 않는 개인적인 요소를 파악하고, 적어도 앞으로 충족시킬 방법을 강구할 기회를 만들 수 있다. 부모가 아이에게 필요한 사람이 될 수 있도록 자신의 그린 존을 튼튼하게 유지하려면 무엇보다 균형이 필요하다.

물론 부모가 아이의 복지와 발달을 책임지는 동시에 스스로 균형을 갖춘 뇌를 형성하는 일이 항상 쉽지만은 않다. 하지만 균형을 지향하고 자신의 예스 브레인 상태를 형성할수록 부모도 아이에게 같은 역할을 해줄 수 있다.

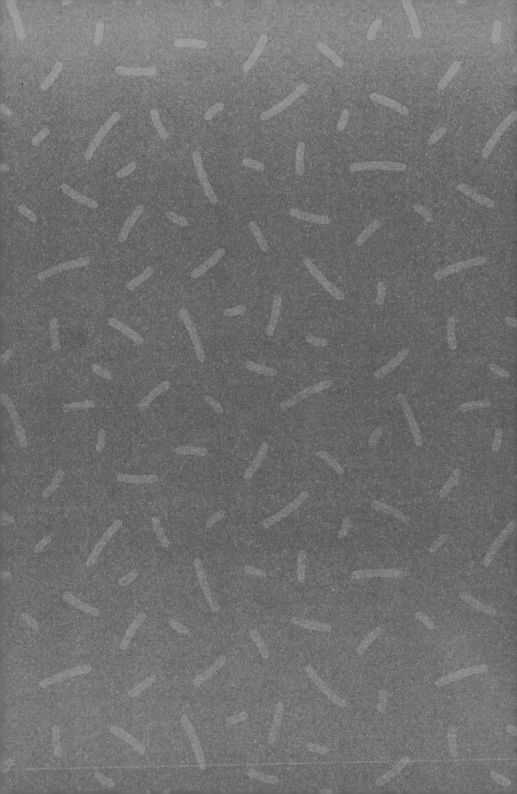

회복탄력성을 갖춘
예스 브레인

아주 총명한 아홉 살인 알라나는 눈에 띄는 재능과 능력이 있었지만 지속적으로 불안에 시달렸다. 알라나의 걱정은 그칠 줄 몰랐다. 학교에서 치르는 시험, 다른 사람과의 관계, 지구 온난화를 걱정했고, 자신이 키우고 있는 기니피그가 아프지는 않을까, 엄마가 돌아가시면 어떡할까 전전긍긍했다. 급기야 불안이 강렬한 공황발작으로 발전하면서 정상적인 활동을 하지 못할 만큼 심각한 스트레스를 받자 부모는 딸을 데리고 티나를 찾아왔다. 엎친데 덮친 격으로 알라나는 전문가들이 '모두 심리적인 문제'라고 진단한 만성적인 건강 문제도 앓고 있었다.

티나는 대화하면서 알라나가 선천적으로 매우 양심적이고 완벽주의를 추구하는 성격을 지녔다는 사실을 파악할 수 있었다.

알라나는 대부분의 생활 영역에서 불안해했다. 티나가 판단한 사실에 따르면, 알라나는 일어날 가능성이 있는 어려운 문제에 지나치게 신경을 쓰느라 실제로 벌어지고 있는 문제에 제대로 대처하지 못했고, 그랬기 때문에 걱정하며 불안해하는 악순환에 빠졌다. 예를 들어 하루는 점심 도시락을 깜빡 잊고 학교에 갔다. 친구들이 점심을 먹을 때 자신은 먹을 수 없었으므로 당황했다. 그러자 너무 배가 고파 수업시간에 선생님 말씀을 잘 들을 수 없을까 봐 걱정하기 시작했다. 그러면 숙제를 제대로 풀 수 없을 테고 자연스럽게 다음 시험에서 좋은 성적을 거둘 수 없을 터였다. 걱정이 너무 심해지면서 정기적으로 공황발작을 일으켰고 그럴 때면 한참 동안 학교 화장실에 숨어 있었다. 다른 두려움과 마찬가지로 점심 도시락을 깜박한 것과 같은, 어린 시절에 흔히 겪을 수 있는 경험이 점점 정상적인 생활을 하지 못하게 만드는 악순환을 초래했다. 불안의 악순환은 노 브레인 상태를 끌어냈고, 결국 알라나는 장애물에 맞닥뜨리거나 계획에 사소한 차질만 생겨도 예외 없이 무력해졌다.

나중에 이 장에서 알라나의 사례를 다시 살펴보며 티나가 사용한 접근 방법을 소개하고, 통합된 뇌와 수용적 상태인 예스 브레인 상태로 되돌아가도록 알라나를 도운 방법을 설명할 것이다. 그보다 앞서 예스 브레인의 네 가지 근본 원칙의 하나인 회복탄력성을 알아보자.

2장에서는 그린 존에 머물며 더욱 균형 잡힌 삶을 영위할 수 있도록 아이를 돕는 방법을 살펴봤다. 이제 아이의 사기를 북돋는 회복탄력성과 투지를 살펴보겠다. 이 두 가지 특징은 아이를 그린 존에 머무르게 할 뿐 아니라 그린 존을 확장하고 강화한다. 어려운 시기와 불편한 감정을 견디는 참을성의 창문을 넓힐수록 상황이 뜻대로 돌아가지 않을 때 주저앉지 않고, 역경을 맞아도 더욱 큰 회복탄력성을 발휘할 수 있다. 회복탄력성은 원래 자리로 되돌아오는 힘이고, 레드 존이나 블루 존에서 다시 그린 존으로 움직일 수 있는 자발성이며, 혼돈이나 경직성을 거절하고 참을성의 창문 안에서 다시 조화를 이루는 방식이다.

노 브레인 상태에서 아이들은 예측하지 못한 사건에 짓눌리고 자신의 몸, 감정, 결정을 통제할 수 없어 두려움, 근심, 대응성을 겪는다. 부모는 아이가 예스 브레인 회복탄력성을 발달시키기를 원하고, 투지를 발휘해 역경에 맞서고 패배하더라도 다시 우뚝 일어서기 위해 필요한 기술을 습득할 수 있기를 바란다. 그러면 알라나처럼 걱정과 불안을 느끼더라도, 삶이 뜻대로 펼쳐지지 않아 스트레스를 받더라도, 변화 속도가 빠른 동시에 기대치가 높은 세상에서 성장하더라도, 살아가는 동안 오래도록 지속되는 진정한 성공을 온전히 경험할 수 있다.

행동을 제거하는 대신 기술을 구축해주어라

아이가 무례하게 행동할 때 가장 바람직하게 반응하는 방법을 생각해보자. 많은 부모는 원하지 않는 행동을 제거하거나 중단시키는 데 목표를 두어야 한다고 짐작한다. 하지만 행동은 의사소통이라는 사실을 기억하자. 문제 행동은 사실상 메시지다. 아이가 "나는 이 특정 영역에 대한 기술을 구축해야 하고 그러려면 도움이 필요해요. 아직은 잘할 수가 없어요"라고 말하는 것이다. 따라서 아이가 괴로워할 때는 나쁜 행동을 없애거나 레드 존의 혼돈과 블루 존의 경직성을 제거할 것이 아니라, 다음에 상황을 더욱 바람직하게 다룰 수 있는 기술이 무엇인지 중점적으로 파악해야 한다. 물론 부모라면 누구나 아이의 문제 행동을 최소화하고 싶어 한다(우리 두 사람도 발달단계마다 아이의 많은 행동을 없애고 싶어 했다). 결국 아이가 통제 불능 상태에 빠지면 자신도 부모도 가족 전체도 힘들다. 하지만 아이가 예스 브레인을 발달시키도록 돕고 싶다면 문제 행동을 제거하기보다는 혼자 힘으로 그린 존에 돌아가는 기술을 구축할 수 있도록 돕는 데 중점을 두어야 한다.

그린 존을 아예 벗어나지 않거나 상황이 뜻대로 돌아가지 않더라도 다시 그린 존으로 돌아가는 기술을 발달시키기 위해 부모에게 도움을 받을수록, 아이는 평형과 웰빙 상태에 머물 수 있다. 그러면 부모와 가족 전체는 물론 아이도 삶이 더욱 즐거워질 것이다. 이것이 바로 그리스인이 에우다이모니아라고 불렀던 행복의 평정 상태다. 평정은 늘 차분하다는 뜻이 아니다. 기술과 민첩성을 발휘해 감정의 파도를 타는 법을 배웠다는 뜻이다. 감정의 파도를 타다가 쓰러지더라도 다시 일어나 파도를 탈 수 있는 기술을 배웠다는 뜻이다. 회복탄력성은 부모가 아이에게 끊임없이 줄 수 있는 선물이다. 옛 속담에서 말하듯 "사람에게 물고기 한 마리를 주면 한 끼를 먹일 수 있지만, 물고기 잡는 법을 가르쳐주면 평생 먹일 수 있다".

일례로 제이크라는 아이의 엄마는 '행동은 의사소통이다'라는 개념을 사용해 네 살짜리 아들이 보이는 문제를 능숙하게 처리했다. 하루는 담임교사가 전화를 해서 제이크가 반 아이들과 계속 갈등을 빚는다고 알렸다. 아이들이 운동장에 나가서 공을 가지고 놀 때 제이크는 자기 차례를 기다리지 못하고 조바심을 내다가 공을 움켜잡고 발로 차서 울타리 밖으로 넘겼다. 아이들과 술래잡기를 할 때 자주 화를 냈는데 술래에게 잡히면 공격적인 태도까지 보였다.

제이크의 엄마가 나쁜 행동을 없애는 방향으로 문제를 해결하

나쁜 행동을 제거하려고 하지 말고…

회복탄력성과 웰빙을 이끌어내는 기술을 형성해주어라

려 했다면, 상황이 뜻대로 돌아가지 않을 때 아들이 너무 충동적이고 적대적으로 행동하지 못하도록 보상을 약속하거나 벌을 주겠다고 겁을 줬을 수 있다. 이것은 대부분의 부모와 교사가 가장 많이 사용하는 행동주의 접근법이다. 스티커 차트나 다른 종류의 당근과 채찍 등을 활용해 나쁜 행동을 제거하는 것이 그 예다.

하지만 제이크의 엄마는 아들의 상황을 예스 브레인 렌즈로 들여다보고 의사소통 기술의 부족이 원인이라고 인식했다. 아이는 다른 사람과 공유하거나 순서를 지키는 법을 몰랐고, 좋은 친구가 되는 법을 아직 깨우치지 못했던 것이다. 제이크가 나쁜 아이라는 뜻도, 문제아라는 뜻도 아니다. 단지 엄마가 아들에게 차례를 기다리는 훈련을 시키고 다른 아이들과 잘 어울려 노는 능력을 향상시키는 방법을 찾아야 했다는 뜻이다. 그래서 제이크의 엄마는 담임교사와 대화한 끝에 제이크에게 필요한 훈련을 시킬 수 있는 빠르고 쉬운 방법을 생각해냈다. 우선 교대로 선생님 역할을 맡는 역할극에 제이크를 참여시키고, 캐릭터 인형을 사용해 다른 아이들과 공유하고 순서를 지키는 법에 관한 이야기를 꾸며내도록 유도했다("제이크, 배트맨에게 장난감을 함께 쓰는 법을 가르쳐야 하는데, 네가 도와주겠니?").

이러한 방법은 좀 더 나이가 든 아이에게도 효과적일 수 있다. 열한 살짜리 아이가 친구와 함께 캠프에 가고 싶어 하는데 막상

예스 브레인 아이들의 비밀

집을 떠나 밤을 지내야 한다는 생각에 겁을 낸다고 해보자. 이는 부모와 분리되는 일을 견디는 영역에서 기술을 구축해야 한다는 메시지를 보내는 것일 수 있다. 이 영역에서 회복탄력성을 쌓으려면 친구나 조부모의 집에 가서 몇 번 밤을 보내는 것도 좋은 방법이다. 아이에게 "걱정할 것 없단다. 이제 어린아이가 아니잖니"라고 말하는 노 브레인 접근법과 비교해보라. 좋은 의도로 생각해냈더라도 노 브레인 접근법은 아이가 실제로 걱정하고 있으며 스스로 걱정하지 않을 만큼 자랐다고 느낄 수 없기 때문에 문제가 된다. 따라서 부모의 노 브레인 반응은 아이의 감정을 분명하게 부인하면서 아이를 혼란에 빠뜨린다. 결과적으로 아이는 내적 단서를 읽을 능력이 자신에게 있음을 믿지 못하고, 기분을 개선하기 위해 할 수 있는 일이 전혀 없는 상태로 방치된다. 게다가 평생 활용할 수 있는 기술을 구축할 기회를 잃는다.

아이의 행동을 특정 기술과 전략을 구축하고 발달시켜야 하는지 알려주는 의사소통의 일환으로 볼 때 부모가 보이는 반응은, 더욱 효과적임은 물론이고 목적성을 띠며 이해심이 있다고 할 수 있다. 이러한 관점에서 보면 아이는 그냥 감정을 행동으로 표출하면서 부모를 곤혹스럽게 만드는 것이 아니라 부모의 도움을 필요로 하면서 힘든 시간을 보내고 있는 것이다. 아이의 행동을 의사소통으로 생각하는 태도는 신뢰로 이뤄지는 양육 방식에 기

문제를 제거하는 것에만 초점을 맞추지 말고···

행동을 의사소통으로 보고 기술을 구축하는 데 초점을 맞춘다

예스 브레인 아이들의 비밀

반한다. 부모가 이러한 양육 기술을 구축하고 발달시키면 아이는 뇌의 연결성을 증가시키고 회복탄력성을 갖추는 동시에 풍부하고 행복하고 의미 있는 삶을 살 수 있는 사람으로 성장할 수 있다.

○ 회복탄력성과 수용성은 그린 존을 확장한다

실질적으로 회복탄력성을 발달시키는 것이 어떤 의미인지 생각해보자. 한 가지 유용한 설명은 삶의 도전에 잘 대처하고 힘차게 전진할 수 있는 능력을 갖춘다는 것이다. 결과적으로는 모두 수용성 대 대응성의 문제로 회귀한다. 대응성은 회복탄력성을 방해하고 수용성은 회복탄력성을 키운다. 따라서 건전하고 성숙한 방식으로 역경에 대처하는 법을 배우도록 가르치고 싶다면 무엇보다 수용성을 구축하도록 도와주어야 한다.

대응성을 보이는 아이는 오로지 환경에 휘둘려 느끼고 행동할 뿐이다. 하지만 수용성을 발휘하는 아이는 환경적 요소를 관찰하고 평가해서 자신이 반응하는 방식을 주도한다. 환경에 자동적으로 반응하기보다는 자신의 대응과 행동을 의도적으로 선택할 수 있다. 모두 그린 존에서 일어나는 현상이다.

감정이 격해질 때 더욱 균형을 잡으면서 그린 존에 남아 있도록 돕는 것이 우리가 지향하는 단기 목표라고 강조하는 까닭도 이 때문이다. 그린 존에서는 아이들이 수용적인 태도를 취하므로 학습 회로가 가동한다. 결과를 깊이 생각하고 좋은 결정을 내리며, 타인의 감정에 대해 생각하는 법을 배우면서 타인의 감정을 고려하고, 귀 기울이고, 이해할 수 있다는 뜻이다. 균형감각을 발휘하면 심각한 감정을 느낄 때도 명쾌한 사고와 협동적인 의사소통을 유지할 수 있다는 사실을 기억하라. 달리 표현하면 아이들은 감정적이면서도 그린 존에서 여전히 균형을 유지할 수 있으므로 상층 뇌를 훨씬 쉽게 통합할 수 있다. 상층 뇌의 발달과 넓고 탄탄한 그린 존은 균형 잡힌 관점에서 실패와 역경에 맞서게 해주는 주요 요소다.

그러므로 부모가 추구하는 장기 목표는 시간을 두고 그린 존을 확장하는 것이다. 그래야 회복탄력성을 발달시킬 수 있다.

단기 목표: **균형** (그린 존으로 돌아가기)

장기 목표: **회복탄력성** (그린 존을 확장하기)

어려움을 이겨내는 참을성의 창문을 넓혀주어야 아이가 곤경과 역경에 더 잘 대처할 수 있다. 그린 존이 좁으면 아이는 혼돈과 경직성을 더 많이, 강렬하게 경험할 가능성이 크다. 따라서 부모가 추구할 목표는 아이가 레드 존이나 블루 존으로 들어가는 순간을 제거하는 것이 아니다. 실제로 레드 존이나 블루 존에 빠지는 것이 필요하기도 하고 중요할 때도 있다. 실질적인 위협에서 살아남기 위해 적응해야 하는 상황에 직면한 경우가 그렇다. 하지만 아이들은 그린 존을 벗어나는 적절한 시기를 스스로 결정하고, 차분하고 명쾌한 정신을 유지하면서, 삶의 대부분을 그린 존에서 살아갈 수 있는 능력을 갖추어야 한다. 이것이 바로 그린 존을 확장한다는 것의 의미다.

참을성의 창문을 확대하려면 어떻게 해야 할까? 아이들이 역경에 직면하고 실망을 비롯한 부정적인 감정을 느끼면서 심지어 실패할 수 있도록 허용해야 한다. 이렇게 해야 투지와 끈기가 발달한다. 우리가 쓴 다른 책에서도 확인할 수 있듯 부모는 아이를 위해 경계를 긋는 것이 중요하다. 이따금씩 자기 뜻대로 돌아가지 않는 상황에 대처하는 방법을 배우도록 아이를 도와주어야 한다. 회복탄력성을 갖춘 예스 브레인 상태를 발달시키려면 어려운 순간과 힘든 시기가 어쩔 수 없이 찾아오리라는 사실을 가르쳐야 한다. 이런 상황에서 아이를 구하거나 보호하지 말고 함

CHAPTER ❸ 회복탄력성을 갖춘 예스 브레인

께 힘든 시기를 겪으면서 아이가 실패를 통해 배우고 성장하도록, 이를 통해 회복탄력성을 갖추고 감정의 폭풍우가 몰아칠 때도 여전히 좋은 결정을 내릴 수 있도록 도와주어야 한다. 우리는 아이들이 내면에 다음과 같은 메시지를 새기기를 바란다. "내가 여기 너와 함께 있단다. 네게는 내가 있잖니. 힘든 것은 알고 있지만 너는 할 수 있어. 내가 곁에 있을게." 이렇듯 부모는 사랑을 담아 아이가 좌절하고 실패를 겪더라도 결국 극복할 수 있으며 더욱 강하고 현명하게 살아가면 된다고 가르치면서 아이의 그린 존을 확장해주어야 한다.

좀 더 복잡하고 고통스러운 문제를 만날 수도 있다. 일곱 살짜리 아이가 좋아하던 강아지가 죽었다고 해보자. 아이에게 강아지의 죽음을 알리고 나서 부모가 해야 할 일은 아이가 울면서 강아지와 나눈 좋은 추억을 말하는 동안 곁에 앉아 아이를 안아주는 것이다. 열두 살짜리 딸의 친구들이 이제 인기가 떨어져서 점심을 같이 먹을 수 없다고 딸에게 말했을 때는 다른 부모나 학교에 전화를 걸어 딸을 끼워줘야 한다고 요구하고 싶은 충동을 억눌러야 할 것이다. 차라리 딸이 여태껏 경험해보지 못한 방식으로 아파하는 동안 곁을 지키면서 부모의 사랑과 지지를 느끼게 해주고 아이 스스로 문제를 해결할 수 있도록 도와주어야 한다.

다시 말해 부모는 아이를 구해줌으로써 회복탄력성을 구축할

그린 존을 확장한다

수 있는 소중한 기회를 빼앗지 말고, 상처를 입고 심지어 실패하도록 내버려두기도 해야 한다. 이런 순간에 부모가 곁에서 감정을 지지하고 위로해주는 것이야말로 그린 존을 확장하기 위한 더 큰 일을 하는 것이다. 이러한 경험은 아이의 기억에 새겨져서, 상황이 어려워지더라도 스스로 극복하고 다시 일어설 수 있음을 알려줄 것이다. 그래서 다음에 힘든 상황이 벌어지더라도 도전에 직면해 효과적으로 극복했던 경험을 떠올릴 것이다.

○ 밀어붙이기와 쿠션

우리가 그린 존을 확장하는 문제를 거론할 때면 부모들은 언제나 같은 질문을 던진다. "무슨 말인지 알겠어요. 하지만 아이가 혼자 씨름하도록 내버려둬야 할 때와 개입해서 도와줘야 할 때를 어떻게 알 수 있나요?"

이 질문과 관련해 티나는 자신이 가르치는 한 학생에게서 '밀어붙이기'와 '쿠션'이라는 훌륭한 개념을 들었다. 때로는 아이에게 능력의 한계를 넘어서는 수준까지 도전하라고 말해야 한다. 자기 몸을 둘둘 만 뽁뽁이를 벗어버리고 익숙하지 않은 환경과 도전에 직면하는 위험을 감수하라고 자극하는 것이다. 이것이 바로 밀어붙이기로서, 아이로 하여금 도전을 통해 회복탄력성과 힘, 투지를 발달시킬 수 있게 해준다. 밀어붙이기의 핵심은 아이가 지닌 능력의 '한계를 초월하게 하는 것'이다. 그린 존을 확장하고 편안한 안전지대를 넘어 앞으로 나아가는 훈련을 시키는 것이다. 아이가 문제를 스스로 해결할 수 있는데도 부모가 끼어들어 대신 처리해주면 어려운 문제에 대처하는 방식과 힘든 상황을 다루는 능력을 습득할 기회를 빼앗는 것이나 다름없다. 교사를 찾아가거나 친구와 의논하는 것 자체도 강력한 학습 기회가 될 수 있다. 아이에게 자신의 목소리와 논리를 사용해 문제를 해결하는 훈련을 쌓을 기회를 주어야 한다. 밀어붙이기는 입장을 확실히 밝히거나 새로운 도전에 직면하기가 겁나더라도 자기 의견을 내세우고 스스로 정중한 동시에 강할 수 있다는 사실을 이해하도록 아이를 가르친다는 뜻이다. 이렇게 아이는 혼자서도 할 수 있다는 사실을 배운다!

물론 밀어붙이는 부모의 행동이 심각한 스트레스를 유발하지 않더라도 신경계를 범람시켜 아이를 레드 존이나 블루 존으로 보낼 수 있다. 준비가 되기 전에 지나치게 밀어붙이면 아이의 신경계가 불편한 스트레스를 경험하며 맞불을 놔서, 아이를 더욱 두렵게 하고 의존적으로 만들뿐더러 그린 존을 확장하기는커녕 사실상 축소시킨다. 그러므로 부모가 아이에게 쿠션을 제공해야 할 때가 있다. 과도하게 큰 장애나 힘든 도전을 만나 도저히 스스로 대처할 수 없는 경우가 그렇다. 이때 아이들은 혼자 문제를 해결할 수 없다. 아마도 세 살짜리 아이는 공원에서 다른 아이들과 무리지어 앉아 점심을 함께 먹을 준비가 아직 안 되었을 것이다. 초등학교 3학년 아이는 그날 오후 할로윈 광고판에서 보았던 무시무시한 형상이 자꾸 떠올라 혼자 잠자리에 들지 못하고 잠이 들 때까지 부모 옆에 있고 싶을 것이다. 중학생 아이가 역사 선생님이 내준 많은 양의 숙제를 하느라 다른 활동도 빼먹고 잠자리에 들지 못하고 있다면 부모는 끼어들어 도와줄 필요가 있다. 이처럼 아이가 혼자 처리하기 버거운 도전에 직면하는 경우 부모는 아이를 열심히 지원하면 된다. 부모는 능력의 한계를 넘어서라고 요구하면서 밀어붙이는가 하면, 아이 편에 서서 뒤를 받치고 있다고 알려주며 쿠션을 제공하기도 한다.

뇌는 연상 기계라는 사실을 기억하라. 따라서 부모는 자신이 밀어붙였을 때 아이의 뇌가 도전한 경험에서 좋은 감정을 연상해낼지("내가 해냈어!" 또는 "나름 괜찮았어. 재미있기도 했고"), 아니면 부정적인 감정을 연상해 다음에 무언가를 시도하고 싶은 생각을 사라지게 만들지 예상해볼 수 있다. 부모가 생각하기에 문제가 지나치게 버거워 부정적인 경험이 될 가능성이 크다면 약간의 쿠션을 사용해 목표를 향한 보폭을 조금 줄여라.

밀어붙여야 할 때가 있는가 하면…

아이에게는 때로 더욱 많은 쿠션이 필요하다

그렇다면 골디락스 균형Goldilocks balance(영국 전래 동화에서 유래한 용어로, 이상적인 균형을 이룬 상태를 뜻한다 – 옮긴이)을 어떻게 맞춰서 아이에게 너무 뜨겁지도 너무 차갑지도 않은 죽을 먹일 수 있을까? 무엇이 '딱 적당한지' 어떻게 알 수 있을까? 달리 말해서, 아이가 대처 가능한 정도 이상을 넘어서지 않으면서 적당히 충분한 역경에 직면하도록 어떻게 도와야 할까? 언제 아이를 밀어붙이고, 언제 쿠션을 주어야 할까?

이 질문에 대답하기는 쉽지 않다. 우리가 사무실에서 사용하는 방법을 살펴보자. 우리는 부모에게 다음 다섯 가지 질문을 자문하라고 권한다. 다음은 아이에게 밀어붙이기와 쿠션 중 무엇이 필요한지 결정할 때 유용한 질문이다.

- **아이의 기질과 발달단계는 어떠한가? 지금 아이에게는 무엇이 필요한가?**
  아이가 어려운 상황에 직면하면 감정적으로, 심지어 신체적으로 스트레스를 받고 있을 수 있다는 사실을 기억하라. 부모에게는 걸음마 같더라도 아이는 가파른 절벽에서 뛰어내리는 것처럼 느낄 수 있다. 때로는 좀 더 작은 걸음이, 연습이나 시간이, 부모가 주는 쿠션이 더 필요할 수 있다. 같은 아이라도 상황이 달라지면 불편에 대처할 수 있을뿐더러 좀 더 밀어붙이는 도전을 필요로 할 수 있다. 그러므로 아이가 반응하는 방식을 눈여겨보고 그 순간 아이에게 무엇이 필요한지 감지한다. 아이가 느껴야 한다고 부모가 판단한 감정이 아니라 아이가 보내는 신호와 의사소통으로 드러나는 아이의 실제 내적 경험에 주파수를 맞춘다.

• **진짜 문제가 무엇인지 명확하게 인식하고 있는가?**

아이로 하여금 장애물에 직면하지 않겠다거나 특정한 도전을 받아들이지 않겠다고 거부하게 만드는 요인은 무엇인가? 아이가 부모와 떨어져 지내야 하기 때문에 친구 집에서 자는 것을 무서워한다고 부모는 추측할 수 있다. 하지만 정작 아이는 밤에 자다가 오줌을 싸서 곤란해질까 봐 겁을 내는 것일 수도 있다. 아이가 수영팀에 가입하는 것을 주저하는 까닭이 운동하면서 공부까지 하는 것이 싫기 때문이라고 부모는 생각할 수 있지만, 사실 수영복을 입고 사람들 앞에 나서기가 부끄러워서일 수도 있다. 그러므로 아이와 대화해서 진짜 문제를 분명하게 파악하라. 그런 다음에라야 문제를 해결하도록 도울 수 있다.

• **위험 감수와 실패에 대해 아이에게 어떤 메시지를 보내는가?**

부모는 성인이므로 두려움에 직면해 기꺼이 시도하고 실패하는 것이 중요하다는 사실을 이미 알고 있다. 도약하거나 실패할 때 얼마나 많이 배우는지 알고, 모든 실수가 자신을 이해하고 성장시키는 기회라는 사실도 알고 있다. 이렇듯 중요한 인생의 교훈을 아이에게도 전하고 있는가? 부모가 위험 감수에 대해 아이에게 보내는 암묵적 메시지와 외현적 메시지는 무엇인가? "조심하라"고 말하면서 어떤 메시지를 보내는가? 확산적 사고divergent thinking에 대해서는 어떤가? '실패'가 허용될지 말지에 관해서는? 아이가 고정관념을 깨고 행동할 수 있는 자유를 느끼지 못하는데, 무슨 일이든 아주 적절하거나 완벽하게 하라는 메시지를 보내고 있지는 않은가? 당신의 가정에서는 실수를 학습 기회로 받아들이는가? 우리가 아는 어떤 아빠는 조심성 많은 아홉 살짜리 아들을 차로 학교에 데려다주면서 "무슨 일이든 덤벼봐!"라고 말한다. 이 메시지가 모든 아이에게 적절하지는 않겠지만 조심스럽고 생각이 많은 아이에게는 예스 브레인 정신을 이끌어낼 수 있다. 우리는 무슨 일이든 시도하고 실수하면서 배우므로 끊임없이 도전해야 한다. 예스 브레인 상태는 용기를 북돋아주어 타인의 도움을 받든 스스로 하든 늘 학습에 개방적인 태도로 이끌어준다.

• **아이가 잠재적이고 불가피한 실패를 다룰 만한 기술을 배워야 하는가?**

다시 강조하지만 부모는 아이가 실패하지 않도록 보호하는 것이 아니라 역경을 극복할 수 있는 기술을 구축하도록 도와주어야 한다. 이러한 기술의 하나는 당면한 장애가 종종 긴 과정의 일부라는 사실을 인식하는 것이다. 다시 말해 장애를 극복하기 어렵다고 해서 자신에게 잘못이 있다는 뜻이 아니다. 그러므로 아이에게 가르칠 수 있는 최고의 교훈 중 하나는 심리학자 캐럴 드웩Carol Dweck이 주장한 '아직yet'이라는 개념이다. 아이가 "나는 그것을 할 수 없어요"라거나 "나는 준비가 되어 있지 않아요"라고 말할 때 '아직'이라는 단어를 붙이게 하라. 그러면 기꺼이 자신을 준비시키면서 목표를 향해 끈기 있게 노력하면 성취할 수 있으리라 생각하게 된다. 이는 예스 브레인 상태를 북돋아주므로 아이는 스스로에게 엄청난 힘을 획득할 가능성이 있다고 믿게 될 것이다.

- **그린 존으로 돌아오고 그린 존을 확장하도록 도와줄 도구를 아이에게 제공하고 있는가?**

아이에게 형성해주어야 하는 가장 중요한 기술의 하나는 레드 존이나 블루 존에 들어갔을 때 자신을 진정시키고 통제력을 되찾는 능력이다. 이 책에서는 빠르고 강력한 도구, 즉 한 손을 가슴에 올려놓은 채 다른 손을 배에 올리고 천천히 깊게 호흡하는 방법을 소개했다. 이 방법만으로도 훌륭하게 스트레스를 진정시킬 수 있다. 진정한 후에 아이는 어떤 도전을 받아들일지에 관해 더욱 현명하고 용감한 결정을 내릴 수 있다. (이 기술에 관해서는 바로 다음과 이 책의 뒷부분에서 좀 더 자세히 살펴볼 것이다.)

이와 같은 질문을 활용하면, 아이를 밀어붙여야 할지 쿠션을 주어야 할지 결정할 때 모두의 입장을 더욱 신중하게 고려할 수 있다. 이는 아이의 내면에서 일어나는 현상에 마음을 열고 수용하는 것뿐 아니라 부모의 내면에서 일어나는 현상을 인식하는 것도 포함한다. 즉 신중하게 고려한다는 것은 아이를 격려하거나 지도하는 것에 의도적으로 초점을 맞추는 마음 상태에서 시작한다.

감정이 격해진 아이에게 반응할 때는 되도록 목적적이고 사려 깊은 태도를 취하는 것이 좋다. 두려움, 도전, 위험에 대한 참을성은 아이마다 상당히 다르다. 어떤 아이는 새롭고 어려운 상황에 기꺼이 저돌적으로 뛰어들고 문제를 해결하거나 장애를 극복하면서 기뻐하기까지 한다. 그런가 하면 모험을 시도하고 알려지지 않았거나 힘든 일에 도전하는 것을 불편해하는 아이도 있다. 또 같은 아이인데도 상황에 따라 다르게 반응할 수 있다. 충분히 예상할 수 있듯 아이들은 예측할 수 없는 반응을 보인다. 따라서 아이마다 전부 다르고 복잡하다는 사실을 기억하라. 이 특정한 순간에 이 특유한 아이에게 최선은 무엇인지, 아이가 스스로 할 수 있다고 믿는 것을 확대하고 성장시키는 요인은 무엇인지 결정하라. 그것이 바로 회복탄력성을 키우는 길이다.

○
부모의 역할:
회복탄력성을 키우는 전략

아이에게 네 가지 S를 쏟아부어라

다른 분야와 마찬가지로 양육에서도 관계는 회복탄력성을 구축하는 주요 요소다. 사회적·학문적·감정적 기능을 최적화할 때 회복탄력성과 아이의 성장 수준을 알려주는 강력한 지표는, 아이가 부모든 조부모든 다른 양육자든 적어도 한 사람에게서 안정적 애착을 경험했는지에 대한 여부다. 그렇다. 완벽하지는 않더라도 예측 가능하고 민감한 보살핌을 제공해 양육자와 연결되어 있으며 보호받고 있다고 느끼게 해주면, 아이는 더 큰 행복과 성취감을 느낄 뿐 아니라 감정과 관계를 보다 원만하게 형성하고 학업에서도 더욱 크게 성공할 기회를 잡을 수 있다. 이러한 종류의 연결된 보살핌은 아이에게 안정적 애착을 제공해 네 가지 S를 경험하게 한다.

네 가지 S는 아이가 특히 스트레스를 받고 있을 때 자신이 안전하며 보호받고 있다고 느끼도록 도와준다. 부모는 아이를 안전하게 지켜주고 설사 행동하는 방식이 마음에 들지 않더라도 아이를 관심 있게 지켜보며 깊이 사랑한다고 알린다. 아이를 위로

아이에게 네 가지 S를 쏟아부어라

$\underline{S}$afe   안전

$\underline{S}$een   관심

$\underline{S}$oothed   위로

$\underline{S}$ecure   안정

하고 격해진 감정을 진정시켜준다. 안전하다는 인식을 안기고 관심과 위로를 보여 아이의 삶에 깊은 안정감을 제공한다. 신경학에 따르면 이렇게 안정적 애착 경험을 반복할 때 뇌의 각 영역이 최적의 방식으로 연결되면서 결과적으로 상층 뇌가 충분히 발달한다. 이를 통해 아이들은 삶의 모든 측면에서 더욱 안정감을 느낄 수 있다. 부모가 완벽하지 않더라도 꾸준히 네 가지 S를 제공하면 아이는 그린 존을 확장하고, 따라서 스스로 문제를 해결할 능력도 점차 갖추게 된다.

부모와 아이의 친밀한 관계가 회복탄력성을 증가시키는 이유는 무엇일까? 부모가 뒤에서 늘 지지해주고 사랑해준다는 사실을 인지하는 것이 아이에게 필요한 안전감을 형성해주기 때문이다. 강력한 애착 관계는 아이가 미지의 세계로 용감히 나아갈 수 있는 안전한 토대를 형성한다. 상황이 지나치게 힘들 때 언제라도 돌아가면 부모가 있다는 사실을 알기 때문이다. 이러한 맥락에서 아이는 안전지대를 벗어나 새롭고 불편하고 심지어 무서운 일을 시도할 자신감과 투지를 발달시킨다.

부모와 아이의 친밀한 관계가 회복탄력성을 북돋는 이유는 더 있다. 부모가 아이와 꾸준히 시간을 함께 보내면 아이를 깊이 이해할 수 있다. 그러면 아이가 그린 존의 바깥 경계 쪽으로 향하고 있으며 중심으로 돌아오려면 도움을 받아야 한다고 알려주는 감정적·신체적 신호를 감지할 수 있다. 성격이 내향적인 아이가 혼자 있으려 하거나 사람들과 어울리는 자리를 피하는 광경을 보면 부모는 아이의 기분이 불안정하고 도피 회로가 활성화하고 있다는 신호를 받을 것이다. 또는 아이가 스스로를 가혹하게 밀어붙일 수 있다. 이럴 때는 어떤 이유에서든 아이가 마음의 문을 굳게 닫고 블루 존으로 향할 것이다. 이처럼 내향적인 아이가 수동적이고 내면 지향적인 경험을 하는 것과 달리 외향적인 아이는 내면에서부터 무너지지 않고 감정을 행동으로 드러낸다. 그래서 소리를 지르고 성질을 부리며 무례하게, 혹은 공격적으로 행동한다. 이는 아이가 혼돈을 겪으면서 레드 존으로 들어가고 있다는 분명한 신호다.

부모는 아이와 긴밀한 관계를 형성하고 있으므로 특정 순간에 아이에게 무엇이 필요한지 포착하는 능력이 있다. 변화가 일어나고 있다는 사실을 감지하고 어떻게 반응할지 결정할 수 있다. 아이의 그린 존이 계속 확장할 수 있도록 주어진 환경에서 부모가 어느 정도로 밀어붙여야 하는지, 어느 정도로 쿠션을 주어야 하는지, 문제에 당장 개입해야 하는지 아니면 뒤로 물러서서 아이가 좌절과 역경을 좀 더 겪도록 놔둬야 하는지 결정할 수 있다.

아이를 밀어붙일 때와 쿠션을 제공해야 할 때를 적절하게 결정하기가 처음에는 약간 버거울 수 있다. 하지만 조금씩 연습해서 시도해보고 불가피한 실수를 하다 보면 이러한 예스 브레인 양육 방식이 잘 작동한다는 사실을 깨달을 것이다. 과학 분야에서 전해 내려오는 격언처럼 "기회는 준비된 자에게만 찾아온다". 부모가 이러한 근본 원칙을 익히면 아이와 자신에게 일어날 수 있는 상황에 대비해 마음을 준비할 수 있고, 아이의 경험에 주파수를 맞춰 자연스럽고 유용하게 기술을 구축해주며, 자원을 개발해주는 방식으로 아이를 밀어붙이거나 쿠션을 제공할 수 있다!

당신은 아이와 상호작용하면서 이미 네 가지 S를 매일 실천하고 있을 가능성이 크다. 아이와 같이 식사하고, 아이를 공원에 데려다주고, 재밌는 온라인 영상을 보면서 함께 웃고, 심지어 서로

예스 브레인 아이들의 비밀

언쟁을 벌이기도 할 것이다. 이처럼 서로 위로하고, 갈등을 빚고 나서 상처를 보듬는 모든 경험은 부모와 아이의 유대 관계를 두텁게 하고, 회복탄력성을 키워주며, 통합된 뇌를 발달시킨다. 사실 아이에게 스스로 안전하고, 위로와 관심을 받고 있으며, 삶이 대부분 안정적이라고 느끼는 경험을 제공하기만 해도 부모는 통합되고 회복탄력성을 갖춘 뇌를 형성하기 위한 가장 강력한 일을 하고 있는 것이다.

마음보기 기술을 가르쳐라

다른 중요한 심리적·관계적 자질과 마찬가지로 회복탄력성을 키우는 최고의 방법 중 하나는 아이에게 마음보기 기술을 가르치는 것이다. '마음보기mindsight'는 대니얼이 만든 용어로, 단순하게 말하면 자신과 타인의 마음을 인지하는 능력이다. 또 인간 내면의 정신적 삶을 감지하고 이해하는 방식이다. 마음보기는 통찰·공감·통합이라는 세 가지 측면을 포함한다. 앞으로 여러 차례 설명하겠지만 통찰은 자신의 마음을 이해하는 데 초점을 맞추는 자기인식과 자기조절 능력을 가리킨다. 공감은 타인의 마음을 이해하는 능력이다. 우리는 공감을 통해 타인의 눈으로 상황을 보고, 타인의 감정을 느끼고, 타인과 공명할 수 있다. 마지막으로 통합은 개인의 뇌 안에서든 타인과 맺는 관계에서든 분화된 부분이 함께 작용하도록 연결하는 것이다. 예를 들어 관계에서 통합은 차이를 존중하고 두 사람 이상을 서로 연결하는 온정적인 의사소통을 북돋는다. 따라서 마음보기는 통찰하고, 공감하고, 통합하는 훈련을 거쳐 습득할 수 있다.

마음보기 기술은 상황에 대한 관점을 바꾸고 자신의 감정과 충동을 더욱 강력하게 통제하며 매 순간 자신과 타인의 관계를 향상시키는 바람직한 결정을 내릴 수 있게 이끈다. 마음보기 기술을 발달시키면 아이는 자기감정의 피해자가 되지 않는 능력을 키울 수 있다. 앞으로 발생할 상황에 대처해 유용하게 사용할 수 있는 전략을 갖추기 때문이다. 결과적으로 아이는 자신의 마음과 몸을 운용해 뇌와 감정을 바꾸는 법을 배운다.

이것은 티나가 알라나를 도울 때 시도한 방법이었다. 앞선 사례에 등장했던 알라나는 눈에 띄는 재능과 능력을 지녔지만 지속적으로 불안에 시달렸다. 티나는 알라나에게 자주적인 통찰을 향상시키고, 두려움과 불안을 이해해 대처할 수 있는 전략을 가르쳤다. 또 알라나가 느끼는 불안의 출처를 파악하고 신경계를 더욱 각성시켜 공황발작을 자주 일으키는 요인을 조사하려면 감정을 층층이 벗겨내야 한다고 생각했다. 달리 표현하면 알라나에게 균형과 회복탄력성이 부족한 원인과 그린 존이 매우 좁은 원인을 파악해야 했다. 하지만 무엇보다 먼저 알라나의 고통을 덜어주어야 했다. 알라나에게는 불안이 엄습한다고 느낄 때 자신을 진정시킬 도구가 필요했다.

우선 티나는 알라나에게 그린 존에 대해 가르치고 한 가지 목표를 제시했다. 마음을 진정시키고 자신이 안전하다고 느낄 수 있는 그린 존에서 더욱 많은 시간을 보낼 방법을 찾는 것이었다. 그런 다음 몇 가지 기본적인 마음보기 도구를 소개했다. 물론 아이마다 성향이 다르기 때문에 효과적인 전략도 다르다. 알라나에게는 특히 두 가지 도구가 효과를 발휘했다.

첫 번째 도구는 2장에서 자세히 소개한 마음을 진정시키는 훈련이었다. 티나는 알라나에게 매일 잠자리에 들기 직전 이 훈련을 하라고 제안했다. "졸음이 몰려오고 눈꺼풀이 무겁게 내려앉아 몸에서 긴장이 풀리기 시작하면 한 손을 가슴에, 다른 한 손은 배에 올려놓는 거야. 지금 해보고 마음이 얼마나 진정되는지 느껴보렴. 앉은 자세에서 한 손을 가슴에, 다른 한 손을 배에 올려놓고 숨을 쉬어봐. 매일 밤 잠자기 직전에 이렇게 하는 거야, 알겠지?" 그런 다음 티나는 알라나의 엄마에게 이 기법을 설명하고 매일 밤 실천하도록 도와주라고 요청했다.

알라나는 티나의 사무실에 매주 찾아왔고 두 사람은 잠자리에서 마음을 진정시키는 방법에 대해 말하고 사무실에서 함께 훈련했다. 몇 주가 지나면서 티나는 변화를 목격했다. 알라나가 한 손을 가슴에, 다른 손을 배에 얹자마자 자동적으로 길고 깊게 호흡하기 시작했던 것이다. 동시에 알라나의 근육이 이완되면서 몸은 완연하게 휴식 상태로 들어갔다.

이러한 현상이 처음 일어났을 때 티나는 "알아차렸니? 방금 네 몸에서 무슨 일이 일어났지?"라고 알라나에게 말하면서 주의를 환기시켰다. 이렇게 티나는 자신의 몸 안에서 일어나는 현상을 주의 깊게 살피도록 알라나를 가르쳤다. 그때까지도 자신이 차분한 휴식 상태로 옮겨가고 있다는 사실을 의식하지 못했던 알라나는 티나가 지적하자 이내 깨달았다.

알라나의 엄마를 포함해 세 사람은 알라나에게 일어나는 변화에 대해, 그리고 균형과 회복탄력성 개념에 대해 대화했다. 티나는 이런 상태에서 뉴런이 점화하고 서로 연결된다고 말하면서, 마음을 진정시키는 훈련을 할 때 가슴과 배에 얹은 손의 감각이 뇌에서 연결을 발생시켜 차분하게 긴장을 완화시킨다고 설명했다. 이러한 기술을 익히고 결과에 대한 기억을 형성하기 위해 뉴런이 점화하며 서로 연결되는 것이다. 알라나는 티나가 설명한 개념을 즉시 이해하고, 잠들기 전에 마음을 가라앉히는 경험이 자신의 뇌 속에서 몸에 손을 얹는 경험과 어떻게 연결되는지 깨달았다.

다음 단계는 알라나가 불안을 느낄 때 항상 같은 방법을 사용하는 것이었다. 어디를 가든 놀라운 도구인 두 손을 사용하는 법을 배우고 나서 알라나는 두려움이나 불안, 공포를 느낄 때마다 이 마음진정 도구를 꺼낼 수 있었다. 학교, 집, 친구 집을 포함해 어디에서든 가슴과 배에 손을 얹고 원할 때마다 균형과 휴식의 상태에 들어갔다. 티나는 돈 휴브너Dawn Huebner가《걱정이 한 보따리면 어떡해What to Do When Your Brain Worries Too Much》에서 사용한 기본적인 인지 전략을 알라나에게 가르쳤다. 이 책에서 주인공 아이는 '걱정덩어리 깡패'가 자기 어깨 위에 앉아 자신과 대화할 수 있다고 상상한다. 아이는 마음이 상상 속 위협으로부터 자신을 보호하려 노력하고 위험이 오는지 경계해주는 것에 감사한다. 그러면서도 걱정덩어리 깡패에게 가끔은 긴장을 풀고, 두려움을 드러내는 말을 줄이라고 부탁한다. 알라나가 이 개념을 무척 좋아했으므로 두 사람은 걱정덩어리 깡패에게 말을 거는 훈련을 재미있게 시도할 수 있었다.

한 주가 지나고 나서 알라나가 티나의 사무실로 뛰어 들어오며 외쳤다. 눈동자가 반짝거렸고 입가에는 환한 미소가 번져 있었다. "내가 해냈어요! 공황발작이 일어나려는데 내가 멈췄어요." 그러면서 알라나는 어찌 된 영문인지 설명했다. 또 점심 도시락을 깜빡 잊고 학교에 가져가지 않았다고 했다. 두려움에 휩싸이면서 격렬하게 스트레스를 받는 상태로 레드 존을 향해 들어가려는 것을 느꼈을 때 마음진정 도구를 생각해냈다고 말했다. "먼저 손을 가슴과 배에 얹고 심호흡을 하면서 걱정덩어리 깡패와 싸웠어요. 깡패에게 '이것은 별일 아니야! 친구인 캐리사에게 돈을 빌리면 돼. 캐리사는 늘 돈을 갖고 다니거든'이라고 말했어요." 그러고 나서 알라나는 의기양양하게 이렇게 선언했다. "그런 다음 걱정덩어리 깡패에게 말했어요. 내가 점심 먹을 돈에 대해 이제 신경 끄라고 말이죠."

알라나가 마음보기 도구의 덕을 톡톡히 보았으므로 두 사람은 회복탄력성을 달성한 의미 있는 승리를 축하했다. 그런 다음 티나는 마음보기 도구를 하나 더 가르쳤다. 마음과 몸이 어떻게 뇌의 기능에 영향을 줄 수 있는지에 관한 교훈을 단단하게 되새겨줄 도구였다. 따로 용어를 사용하지 않았지만 신경가소성의 기본 원칙을 소개했다.

눈을 좋아하는 알라나를 위해 티나는 사무실에 있는 화이트보드에 눈으로 덮인 산을 그리고 이렇게 말했다. "걱정이 커질수록 너는 이 커다란 눈 산을 더 높이 올라가게 돼. 눈 산의 꼭대기에 올라가면 걱정이 밀려와 어찌할 줄을 모르겠지. 예전에 산을 내려올 때는 꼭대기에서 미끄러져 공황발작 랜드에 닿았을 거야." 그러면서 티나는 산에 길을 그리고 길이 닿는 지점을 보여줬다. 가파른 경사의 끝에는 공황발작 랜드가 있었다. 티나는 말을 이

공황발작 랜드

휴식과 행복 랜드

었다. "다음에 걱정이 많이 커졌을 때도 너는 다시 산꼭대기로 올라가 같은 길로 미끄러져 공황발작 랜드에 닿는 일을 반복했단다. 하지만 오늘은 네가 어떻게 했는지 아니? 산꼭대기에 올라갔지만 예전처럼 공황발작 랜드로 가는 길을 내려가지 않고 네게 있는 도구를 사용했지. 눈썰매를 집어 다른 길로 내려간 거야. 산에서 완전히 새 길을 찾은 거지. 전에 한 번도 내려가 보지 않은 길로 가서 도착한 곳은 바로 휴식과 행복 랜드란다."

티나는 경사에 새 길을 그리고 나서 다시 말을 이었다. "그리고 좋은 점이 뭔지 아니? 다음에 네 걱정이 매우 커서 산꼭대기에 올라가더라도 반드시 공황발작 랜드로 가게 될 이유는 없다는 거란다. 그래도 가끔씩 그 길로 내려갈 수는 있어. 익숙한 길인 데다가 내려간 자국도 꽤 깊이 나 있으니까. 하지만 눈은 언제고 내리기 마련이라서 네가 자주 다니지 않으면 공황발작 랜드로 가는 길은 눈으로 덮일 거야. 게다가 다른 길로 내려가는 횟수가 많아질수록 그 길에 익숙해져서 따라가기가 더 쉬워진단다. 그러다 보면 새 길이 익숙한 길이 되고, 그 길로 안내하려고 썰매가 대기하고 있을 테니 너는 오늘처럼 기분 좋은 경험을 또 할 수 있어."

티나는 마음과 몸의 힘을 이용하며 실제 뇌를 바꾸는 개념을 통해 희망을 전달하는 신경가소성 메시지를 알라나에게 이해시켰다. 티나는 눈 덮인 경사에 나 있는 길을 뇌의 연결과 같다고 설명했다. 우리가 주의를 얼마나 집중하면서 사용하느냐에 따라 뇌의 연결은 더욱 약해질 수도 있고 더욱 강해질 수도 있다. 이것은 스스로 어떻게 느끼는지, 자신에게 일어나는 상황에 어떻게 반응하는지를 통제할 수 있는 방법이다.

이것이 마음보기 도구가 발휘하는 힘이다. 우리는 자신의 내적 경험을 추적하고 수정하는 법을 배운다. 우리가 마음보기 도구의 힘을 믿는 이유는 아이들이 마음의 힘을 이해하고 도구를 갖추면 상황을 보고 반응하는 방식을 바꿀 수 있기 때문이다. 또 그린 존도 확장할 수 있다. 마음보기 도구를 사용하면 알라나처럼 불안과 걱정을 느끼더라도 레드 존으로 가지 않고 계속 그린 존에 머무를 수 있다.

두려움에 직면했을 때 무기력을 느낄 필요가 없다는 사실을 알라나가 이해하기 시작했듯, 우리는 새로운 사고방식을 발달시키도록 모든 아이를 돕고 싶다. 즉 아이에게 스스로 운명의 주인임을 알려주고, 이따금씩 살아가기 힘들거나 원하는 것을 얻지 못할 때도 있지만 책임감 있게 행동하면서 어떻게 반응할지, 어떤 사람이 되고 싶은지 결정하도록 돕고 싶다. 이것이 회복탄력성을 발달시키는 법이다.

○
예스 브레인 아이:
아이에게 회복탄력성을 가르쳐라

2장의 '예스 브레인 아이'에서는 그린 존 개념을 소개하고, 그린 존을 떠나 레드 존이나 블루 존으로 움직일 때 나타나는 현상을 설명했다. 3장에서는 도전에 대처하는 문제에 관해 아이와 명쾌하게 대화함으로써 아이의 회복탄력성을 키우는 방법을 소개하겠다. 이때 핵심은 아이가 힘든 상황을 직시하고 자신을 진정시키도록 돕는 것이다. 따라서 부모는 삶에서 일어나는 많은 상황에 대처하기 어려울 수 있으며 그럴 때 위협을 느끼는 것은 정상이지만, 어려움을 겪고 나면 스스로 더욱 강해진다는 사실을 아이에게 알려야 한다. 아이와 대화를 시작하는 방법을 알아보자.

회복 탄력성을 가르치는 방법

데릭은 리틀리그Little League에서 뛰고 싶지만 겁이 났다.

하지만 데릭의 부모는 아들을 격려했다. 부모는 첫 연습에 아들과 함께 운동장에 갔고, 엄마는 팀 코치를 자원했다.

첫 연습은 별로 재미가 없었지만 두 번째 연습은 꽤 재밌었다. 첫 경기에서 안타를 치고 신이 났다. 이제 데릭은 야구를 좋아한다. 데릭이 기꺼이 두려움에 맞서지 않고 새로운 것을 시도하지 않았다면 이러한 재미를 알지 못했을 것이다.

예스 브레인 아이들의 비밀

데릭이 야구하는 것을 두려워했듯 당신도 겁을 내며 떨고 있는가? 레드 존이나 블루 존으로 끌려 들어간다고 느끼는가?

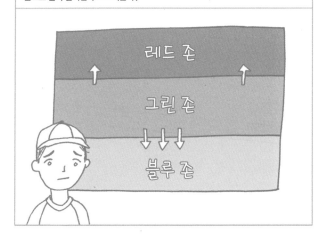

용감해지기는 쉽지 않다. 그린 존 바깥에 있을 때는 특히 그렇다. 하지만 가끔씩 새로운 것을 시도해보면 생각보다 자신이 많은 것을 할 수 있다는 사실을 깨닫는다.

힘든 일이 생겼을 때 용감하게 시도하면 기분이 정말 좋다. 게다가 그린 존이 훨씬 넓어지고, 자신이 정말 즐길 수 있는 새로운 경험을 놓치지도 않을 것이다! 힘든 일을 하며 불편하거나 두렵다고 느끼는 것은 정상이고, 그래도 어쨌거나 그 일을 할 수 있다는 사실을 배우게 된다!

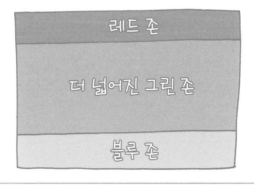

예스 브레인 부모:
부모의 회복탄력성을 키워라

지금까지 아이의 회복탄력성을 발달시키는 방법을 생각해봤으니 이 방법을 당신의 삶에도 적용해보자. 부모가 자신의 예스 브레인 상태를 확대할수록 아이도 따라올 것이다.

다음 몇 가지 질문을 던져보고 당신이 겪어온 회복탄력성의 내력과 현재 예스 브레인 상태를 곰곰이 생각해보자.

- 그린 존을 떠나 다른 존으로 이동할 때 패턴을 감지한 적이 있는가? 자신의 그린 존이 좁다는 사실을 드러내는 전형적인 계기는 무엇인가? 상황이 버거워서 감정이 격해지거나 기분이 나쁠 때 레드 존으로 들어가 혼란에 빠지는 경향이 있는가? 아니면 블루 존의 경직성을 향하면서 정지하거나 붕괴하는 '기절' 반응을 보이는가? 일부 사람의 경우 그린 존에 더 이상 머물 수 없다면 이동하는 곳이 블루 존이든 레드 존이든 차이가 없다.

- 레드 존에 있거나 블루 존에 있을 때 실제로 어떤 경험을 하는가? 그곳에 대체로 얼마나 머무는가? 어떤 사람들은 그린 존으로 돌아올 때까지 시간이 걸린다. 레드 존과 블루 존의 상태는 자제심을 잃고, 1장에서 설명한 전전두엽 피질의 통합 기능을 잃는 것이다. 이때는 누구라도 유연하고 통합된 예스 브레인 상태로 돌아가기 힘들 수 있다.

- 노 브레인 상태의 블루 존이나 레드 존에서 벗어나 예스 브레인 상태의 그린 존으로 돌아가려 할 때 스스로 가장 효과적이라고 생각하는 방법은 무엇인가? 회복 과정은 개인마다 다르며, 자신의 전략을 아는 것이 회복탄력성을 획득하는 원천이다. 어떤 사람은 상황에서 벗어나 휴식을 취하고 싶어 한다. 어떤 사람은 물을 마시고 음악을 들으면서 무슨 일이 벌어지고 있는지 곰곰이 생각하

고 싶어 한다. 일지를 쓰는 것도 그린 존으로 돌아가는 전략을 강화하는 데 유용한 훈련일 수 있다.

- 당신의 '성장 우위', 즉 회복탄력성을 키우기 위해 강화하고 싶은 영역은 무엇인가? 그린 존을 제한하는 특정한 문제가 있는가? 특히 도전의식을 북돋는 구체적인 상황이 있는가? 당신의 내적 세계는 그린 존에서 벗어나 경직된 블루 존이나 혼돈스러운 레드 존으로 향할 때 신호를 보낸다. 이러한 세계를 면밀히 살피는 작업은 삶의 현재 시점에서 도전할 만한가? 블루 존이나 레드 존에서 나와 그린 존으로 돌아가기가 어려운가?

- 당신은 자신의 성장을 잘 뒷받침할 수 있는가? 친구나 친척이나 필요하다면 다른 사람에게 도움을 요청해야 하고, 어려운 상황을 헤쳐나가기 위해 자기조절 기술을 구축해야 한다.

여러 가지 면으로 볼 때 회복탄력성의 구축은 예스 브레인 상태를 형성한다. 이 중요한 작업을 통해 혜택을 누릴 수 있는 마음 상태를 발달시킬 뿐 아니라, 예스 브레인 상태로 살아가고 회복탄력성을 발휘해 도전하는 본을 보임으로써 아이를 도울 수 있다! 우리는 누구나 살아가며 평생 성장한다. 그러므로 역경을 견디는 힘과 웰빙의 회로를 구축하는 여정을 즐기기 바란다.

Chapter 4

통찰력을 갖춘
예스 브레인

어느 날 아침 티나가 출근할 준비를 하고 있을 때 화장실에서 여덟 살 아들 루크의 울음소리가 들렸다. 티나가 들려준 사연은 이랬다.

루크를 진정시키고 나서 무슨 일인지 말해보라고 하자 다섯 살짜리 동생인 JP가 자기한테 "별 다섯 개를 찍었다"고 말했어요. 그 말이 무슨 뜻이냐고 물어보니까 손바닥을 쫙 펴서 세게 맞아서 손자국이 피부에 마치 별의 꼭지처럼 남았다는 거예요. 그러면서 자기 셔츠를 들어 올려 등을 보여줬어요. 아닌 게 아니라 다섯 살짜리의 손자국으로 보이는 빨간 별 꼭지 다섯 개가 선명하게 찍혀 있었습니다.
나는 루크를 달래고 나서, 형을 때린 후에 레드 존에 들어갔을 것이

예스 브레인 아이들의 비밀

분명한 둘째 아들을 찾아 나섰죠. 그때를 돌이켜 생각하면 부모로서 정말 한심하게 대처했어요. 그날 아침 그린 존에 있었던 나는 모든 훈육의 순간이 그렇듯 그날도 아이에게 교훈을 가르치고 기술을 구축해줄 수 있는 적기라고 생각했어요. JP가 예스 브레인 상태의 세 번째 근본 원칙인 통찰을 발달시키도록 도와줄 완벽한 기회라고 생각했던 거죠.

그러나 JP가 거의 학습을 기대할 수 없는 반응적이고 비수용적 감정 상태에 빠져 있다는 사실을 깨닫고, 나는 방향을 다시 제시하기 전에 유대를 회복하는 것이 더 효과적이고 아이의 감정에 주파수를 맞추는 태도라고 판단했습니다. 우선 무릎을 꿇어 눈높이를 맞추고 내 품으로 뛰어드는 둘째를 안았어요. 그러고 나서 "애야, 너 화가 많이 났구나"라고 말하며 아이를 위로하면서 진정시켰습니다.

JP의 흐느낌이 잦아들며 긴장했던 근육이 풀어지고 기분이 차분해지기 시작하자 나는 공감을 표현하며 이렇게 말했습니다. "사람을 때리면 안 된다는 것을 너도 알고 있잖니? 어떻게 된 일이니?"

이렇게 질문을 던지며 내가 《내 아이를 위한 브레인 코칭》에서 자세히 소개했던 '감정을 길들이려면 이름을 붙여라' 전략을 사용했던 거죠. 자신의 입장에 내가 귀를 기울이자 JP는 자신의 감정에 이름을 붙이면서 한층 차분하게 격한 감정을 누그러뜨릴 수 있었습니다. 자신과 형이 할머니와 통화를 하다 자기가 농담을 했다고 하더군요. 농담을 듣자마자 형이 갑자기 기분 나쁜 말을 했답니다. 그래서 전화를 끊고 나서 형에게 자기가 정말 화났다고 말하려 했는데 형은 사과하기는커녕 자기를 계속 놀렸다고 했어요.

나는 공감하는 태도를 유지하면서 JP가 감정을 꺼내놓도록 놔뒀습니다. JP는 농담을 들었을 때 지켜야 하는 예절을 형이 어겼다며 대단히 서운해했고 그 예절은 매우 중요하므로 어긴 사람은 별 다섯 개짜리 벌을 받아야 한다고 말했습니다. 나는 다섯 살짜리 아들에게 통찰을 키워주기 위해 이 경험을 훈육의 기회로 사용하기로 했어요.

내가 도닥이자 JP의 낙담은 좀 더 잦아들었습니다. 그래서 나는 JP가 레드 존에 들어가고 감정 통제력을 잃은 순간에 주의를 집중할 수 있도록 질문을 던지기 시작했습니다. "그 일이 일어났을 때 너는 몸에서 무엇을 느꼈니?" "감정이 폭발하리라고 알게 된 순간이 있었니?" 나는 JP가 자기 안에서 어떤 현상이 벌어져서 감정이 폭발하게 되었는지 생각해보고 더욱 잘 이해할 수 있도록 이끌어주고 싶었습니다.

그러자 대화는 자연스럽게 다음 질문으로 옮겨갔어요. "언제 마음속에서 화가 부글부글 끓어오르는 것을 느꼈니? 그 화를 다른 방식으로 나타내려면 어떻게 하면 될까?" "어떤 방법이 통할까? 감정이 격해지고 하층 뇌가 강해질 때 어떻게 하면 마음을 가라앉힐 수 있을까?" JP에게 공감하면서 반성적인 대화를 하고, 통찰을 키울 수 있도록 돕기 시작하자 대화의 '재방향설정' 단계로 옮겨갈 수 있었어요. 그러면서 형과 갈등을 빚은 상황을 바로잡기 위해 무엇을 할 수 있을지 물었습니다.

《아이의 인성을 꽃피우는 두뇌 코칭》에서 설명했듯 효과적인 훈육은 벌을 주는 것이 아니라 가르치는 것에 초점을 맞추면서 다음 두 가지 주요 목표를 겨냥하는 것이다. 첫째, 나쁜 행동을 중단시키거나 좋은 행동을 북돋아 단기 협력을 끌어낸다. 둘째, 아이의 뇌에서 미래에 더 나은 결정을 내리고 자신을 더욱 잘 다룰 수 있도록 도울 연결성을 키우고 기술을 쌓는다. 이것이 티나가 JP와 대화하며 세운 목표였다. 티나는 감정적 유대를 통해 아들이 마음을 가라앉히고 학습을 받아들이게 해서 첫 번째 목표를 달성했다. JP는 엄마의 도움으로 학습 회로를 가동할 수 있는 수용적인 그린 존에 들어가기 전까지는 제대로 학습하지 못하는 상태였다. 두 번째 목표는 아들이 발달단계를 거치며 자신의 감정과 반응을 더욱 잘 이해함으로써 앞으로 감정이 격해질 때 대응성을 줄이고 바람직한 결정을 내릴 수 있도록 돕는 것이었다. 즉, 티나는 아들의 통찰력을 키워주고 싶었다.

통찰력 있는 뇌를 형성한다

이 책에서 소개하는 모든 예스 브레인 근본 원칙 중에서 통찰은 평소에 가장 생각해보지 않은 개념일 것이다. 간단하게 말하면 통찰은 내면을 들여다보고 자신을 이해한 후에 배운 것을 활용해 감정과 상황을 더욱 잘 통제하는 능력이다. 아이든 어른이든 통찰을 발휘하기는 쉽지 않다. 하지만 통찰은 획득하고 발달시키기 위해 노력할 만한 가치가 있다. 통찰은 정신건강은 물론 사회적·감정적 지능을 구성하는 주요 요소다. 통찰이 없으면 자신을 이해하고 타인과 관계를 형성하며 즐길 수 없다. 달리 표현하면 통찰은 창의성, 행복, 의의, 의미로 가득 찬 삶을 살 때 반드시 필요한 조건이다. 아이에게 그러한 삶을 안겨주고 싶다면 통찰력을 갖추도록 가르쳐야 한다.

통찰의 주요 측면 중 하나는 단순한 관찰이다. 통찰할 줄 알면 자기 내면의 세계를 감지하고 면밀하게 주의를 기울일 수 있다. 아이도 어른도 자신이 실제로 느끼고 경험하는 것을 인식하지 못할 때가 많다. JP가 그랬듯 어른도 가끔은 화를 내고 즉각적으로 반응한다. 또 화난다는 사실을 인식조차 하지 못하거나 심지어 부정할 때도 있다. 아니면 마음이 상하거나 낙담하고 감정이 격해지거나, 시기하고 모욕을 당했다고 느끼지만 조금도 인식하지 못하면서 감정에 복받쳐 행동하기도 한다.

이러한 감정 자체가 문제는 아니다. 이 말을 오해하지 말아야한다. 불편하다고 느끼거나 주로 기분이 '나쁘다'고 말할 때도 감정은 중요하다. 문제는 다양한 감정을 경험하지만 자신이 그렇게 하고 있다는 사실을 인식하지 못할 때 발생한다. 자신이 느끼는 감정을 인식하기만 해도 그러지 않는데, 인식하지 못한 감정은 해로운 동시에 원하거나 의도하지 않았던 온갖 종류의 행동과 결정을 이끌어낸다. 우리가 통찰을 발달시키고 싶어 하는 주요 이유도 이것이다. 통찰은 스스로 행동방식을 선택할 수 있도록 어떤 감정이 우리에게 영향을 미치는지 인식하게 해준다.

우리가 계속 인식해야 하는 것은 감정만이 아니다. 《내 아이를 위한 브레인 코칭》에서는 내면에서 경험하는 다양한 충동과 영향력인 감각sensations, 심상images, 감정feelings, 생각thoughts의 머리글자를 따서 SIFT 개념을 소개했다. 이 개념에는 기억, 꿈, 욕구, 희망, 갈망 등 마음에서 작용하는 다른 요소들을 추가할 수 있다. 이러한 요소들을 면밀히 조사하고 주의를 기울이면 통찰을 얻고, 해당 요소들에 영향력을 행사할 수 있다. 그러면 그 요소들이 여전히 영향을 미치더라도 우리가 인식하지 못하는 일은 없을 것이다. 또한 그런 충동에 휘둘리거나 자신과 주위 사람에게 반발하고 해로운 행동과 결정을 이끌어내도록 내버려두지 않고 충동을 유도하는 방향으로 노력할 수 있다. 통찰이 우리에게 힘을 준다고 말하는 이유도 이 때문이다. 그것도 막강한 힘을 준다! 따라서 통찰로 무장하면 감정과 환경에 맞닥뜨렸을 때 무기력을 느낄 이유가 없다. 마음속 풍경에서 무슨 현상이 벌어지는지 살펴보고, 파괴적이고 무의식적인 충동을 맹목적으로 따르지 않고 의식적이며 의도적인 결정을 내릴 수 있다.

선수와 관중

자신의 마음속 풍경에서 어떤 일이 벌어지고 있는지 관찰한다는 것은 감정에 대한 자신의 반응을 목격하는 동시에 그 순간 경험하는 감정을 인식하고 포용한다는 뜻이다. 과학자, 철학자, 신학자를 포함해 온갖 종류의 사상가들이 여러 세기 동안 이러한 개념을 놓고 토론을 벌여왔다. 때로 그들은 의식의 서로 다른 측면을 인식하는 것으로 관찰 개념을 서술하거나, 두 가지 정보 처리 유형을 거론했다. 어떤 표현을 사용하든 본질적인 개념은 우리가 감정을 느끼는 순간 그 감정을 느끼는 자신을 지켜본다는 것이다. 다시 말해 우리는 목격자인 동시에 목격 대상자이고, 경험자인 동시에 경험의 증인이다. 아이들이 이해할 수 있는 말로 풀어 보면 경기장에서 뛰는 선수인 동시에 관람석에 앉아 있는 관중인 셈이다.

예를 들어 당신이 차 안에 앉아 있다고 상상해보자. 아이들을 영화관에 데려갔다가 돌아가는 길이다. 게다가 비용을 아끼려고 집에서 팝콘을 튀겨 가방이나 코트 주머니에 몰래 가져가지 않고(당신도 이렇게 해본 적이 있지 않은가?) 인심을 팍 써서 터무니없이 비싼 영화관 팝콘을 사주기까지 했다. 그런데 집에 오는 길에 아이들은 행복해하거나 고마워하기는커녕 누가 무엇을 먼저 했느니 운운하며 투덜대고 서로 다투면서 시끄럽게 소리를 질러댄다. 특별히 날씨가 덥기 때문일 수도 있겠지만 무슨 영문인지 자동차 에어컨도 제대로 작동하지 않는다. 뒷좌석에서 벌어지는 야단법석이 점점 커지면서 당신의 감정도 끓어올라 당장이라도 폭발할 것만 같다. 이때 통찰이 없다면 당신은 하층 뇌에 완전히 장악당하면서 아이들에게 감정을 폭발시켜 소리를 지르고 감사 운운하는 설교를 길게 늘어놓으며 버릇없는 아이들의 전형적인 특징을 열거하는 훈계를 했을 것이다.

다음 그림에서도 볼 수 있듯, 영화를 보고 집으로 차를 몰면서 부모가 보이는 이러한 모습을 가리켜 우리는 '선수'라고 부른다. 부모는 운동장에서 벌어지는 경기에 주요 인물로 참가하고 있다.

선수와 관중

선수

관중

예스 브레인 아이들의 비밀

선수는 경기를 뛰며 불쑥 튀어나오는 상황을 넘기는 데 급급할 뿐 이 역할을 넘어서서 행동하기는 힘들다.

하지만 그 순간 당신이 혼돈스러운 상황의 바깥에서 선수인 자신을 목격할 수 있다면 어떨까? 선수는 경기의 한복판에 있으므로 객관적 관점에서 생각할 수 없지만, 목격자는 당신을 보는 '관중'의 입장을 취해 그림처럼 관중석에서 경기를 지켜볼 것이다. 경기장에서 뛰는 선수는 그렇게 할 수 없는데 어째서 관중석에 있는 관중은 침착할 수 있을까? 선수는 극도로 흥분한 상태로 매 순간을 경험하지만 관중은 통찰과 객관적 관점을 유지할 수 있기 때문이다.

더운 차 안에 앉아 빽빽 싸우는 아이들을 극장에서 집으로 데려오며 화가 치밀어 올라 레드 존에서 끓어오른 감정을 폭발시키려 하는 경우에 이러한 종류의 통찰과 관점이 유용할 수 있다. 더운 차 안에 있는 부모는 한창 경기에서 뛰는 선수다. 하지만 자신이 차 위를 둥둥 떠다니는 관중이라 치고, 뒷좌석에 아이들을 태워 운전하고 있는 자신을 지켜본다고 상상해보자.

관중은 차 안에서 벌어지는 모든 감정과 시끌벅적한 혼란에 사로잡힐 필요가 없다. 관중의 역할은 선수에게 일어나고 있는 현상을 단순히 지켜보는 것이다. 그저 바라보며 관찰하면 된다. 설사 부정적인 감정이라도 감정 그 자체가 중요하다는 사실을

통찰은 상황의 피해자가 되지 않도록
자신의 감정을 관찰하게 해준다

화가 폭발할 것 같아!

알기 때문에 아무것도 판단하지 않고 비난하거나 흠을 잡지 않
는다. 단지 상황을 지켜보면서 선수의 분노가 어떻게 끓어오르는
지를 포함해 어떤 일이 벌어지고 있는지를 감지한다. 선수는 순
간적으로 자제력을 잃을 것 같아 내면에서 일어나는 모든 감정
을 인식하지 못하는 반면에, 관중은 전체 상황을 꿰뚫어보며 주
의를 기울여 관찰하는 동시에 현재 상황에 대해 훨씬 원숙하고
건강한 관점을 취하며 가끔 그 과정을 즐기기까지 한다.

예스 브레인 아이들의 비밀

관중의 관점은 자신의 감정에 대한 객관성을 제공한다

이 일로 감정이 격해질 만도 해. 누군들 그렇지 않겠어? 심호흡을 해야겠어. 조금 있다가 집에 도착하면 모두들 흥분을 가라앉힐 수 있을 거야.

이러한 상황에서 관중이 어떻게 말하리라 생각하는가? 다르게 표현해보자. 차 안에 앉아 손이 하얘질 정도로 핸들을 꽉 잡고 있는 당신 모습을 차분하고 평화로운 다른 자리에서 바라본다면 자신에게 무슨 말을 할 것인가? 아마도 관중이라면 "이 일로 감정이 격해질 만도 해. 누군들 그렇지 않겠어? 나도 사람일 뿐인데. 하지만 아이들이 피곤하다는 사실을 기억해야 해. 나도 마찬가지고. 아이들이 원래 버릇없이 행동하지는 않잖아. 지금 내가 그렇게 느낄 뿐이야. 아이들은 그냥 아이들일 뿐이야. 심호흡을 하고 몸에서 긴장을 풀어야겠어. 그런 다음 아이들이 좋아하는 노래를 틀어주고, 나중에 후회할 말은 한마디도 하지 않으려고 애를 써야지. 조금 있다가 집에 도착하면 모두 흥분을 가라앉힐 수 있을 거야. 아이들이 차 안에서 한 행동에 대해 한마디 해야 한다면 모두가 그린 존에 있을 때 해야겠어."

이러한 종류의 통찰과 인식을 발휘하기가 쉽다는 뜻은 아니다. 훈련이 필요하다. 하지만 시도해볼 마음이 있다면 단순히 관찰하기만 해도 혼란스러운 상황에서 행동 방식을 통제하는 데 필요한 통찰을 상당히 발달시킬 수 있다. 이 방법은 정말 유용하다!

여기서는 부모에게 통찰을 획득하는 방법을 소개했지만 아이들에게도 같은 개념을 적용할 수 있다. 이를 이해하려면 일정 수준 이상의 발달단계를 거쳐야 하므로 아이가 좀 더 능숙하게 복잡한 사고를 할 수 있는 나이가 되어야 가능할 것이다. 하지만 아이가 아직 어리더라도 감정과 감정이 격해졌을 때 몸이 반응하는 방식에 주의를 기울이도록 도와줌으로써 통찰을 획득하는 토대를 마련해줄 수 있다. 아이든 어른이든 통찰을 얻는 주요한 요소는 감정이 과열된 상황에서 잠시 한숨 돌리며 관중의 입장에 서는 법을 배우는 것이다. 한숨 돌리기를 할 때 그렇게 할 수 있는 힘이 나온다.

한숨 돌리기의 힘

통찰은 현재 순간에서 한숨 돌리며 관중의 입장에 서서 선수를 바라보는 능력을 구사하고 발달시키는 것이다. 그래야 상황을 객관적인 시각으로 보면서 건강한 결정을 내리는 데 필요한 관점을 획득할 수 있다. 우리는 자극을 경험한 후 즉각적으로 반응할 때가 지나치게 많다. 더운 차 안을 시끄럽게 메우는 소음 때문에 부모의 감정이 폭발할 수 있다. 지나치게 성실한 초등학교 4학년 학생은 수학시험 때 차분하게 문제를 풀어 좋은 성적을 거두기는커녕 어려운 문제가 나오면 불안한 나머지 문제에 대한 답을 찾지 못해 쩔쩔맨다.

한숨을 돌리지 않으면 대응성이 상황을 장악하면서 그린 존에 머무르는 것이 사실상 불가능해진다. 이렇게 우리는 노 브레인 상태에 빠진다.

하지만 어떻게든 한숨을 돌리고 나면 모든 상황이 달라진다. 과열된 차 안에서 지켜보던 관중이 끼어들어 심호흡을 하고 상황에 대해 객관적인 관점을 취하라고 상기시킨다. 어려운 수학 문제를 보고 겁에 질린 열한 살짜리 아이가 한숨을 돌리면 관중이 끼어들어 선수인 아이에게 천천히 호흡하면서 얼마간 긴장을

175

감정 폭발의 기원

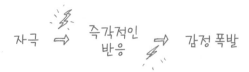

풀 시간을 벌어줄 수 있다. 다시 강조하지만 차이는 한숨 돌리기에서 생기고 여기서 힘이 나온다.

아이가 힘들어하는 순간에 쉽게 한숨을 돌릴 수 있을까? 물론 어렵다. 대부분의 아이들이 자연스럽게 한숨을 돌리는 것이 가능할까? 대부분의 어른만큼이나 자연스럽지 못할 것이다. 하지만 통찰은 학습하고 연습해서 습득할 수 있는 기술이다. 초등학교 4학년 아이가 이러한 유형의 통찰을 달성해 겁에 질린 순간 자신에게 말을 걸어 불안을 줄이려면, 이 기술을 가르쳐주고 실제로

본을 보이며 아이에게 훈련할 기회를 많이 제공하는 어른이 있어야 한다. 사례에 등장한 여자아이는 시험을 보는 동안 불안에 떠는 성향에 대해 아빠와 대화를 많이 나누어, 마음속에 불안이 쌓여간다고 느낄 때마다 의존할 수 있는 '비밀 신호'를 만들어냈다. 아이의 아빠는 관중이 개입할 수 있도록 먼저 두려움을 감지한 후 똑같이 'br-'로 시작하는 팔찌bracelet를 쳐다보며 숨을 쉬라고breathe 되뇌는 것이 중요하다고 가르쳤다.

이때부터 아이는 자신을 지배하려 위협하는 긴장과 불안을 떨

처내면서 어깨를 내려뜨리고 근육에서 긴장을 푸는 연습을 할 수 있었다. 예스 브레인 상태로 들어가는 법을 배운 것이다. 이 모든 과정을 시작하는 계기였던 한숨 돌리기가 이 책의 앞에서 설명한 반응 유연성을 형성한다.

되도록 단순하게 설명하자면 자극을 받고 반응하기 전에 한숨을 돌리는 것이 필요하다. 그렇게 하면 즉각적으로 보이는 자동적인 반응 고리를 깨고, 감정으로도, 행동으로도 반응 방식을 선택할 수 있다. 한숨을 돌리지 않아 통찰을 발휘하지 못하는 경우에는 선택이 없고 반응만 있을 뿐이다. 하지만 반응 유연성과 반응하기 전 한숨 돌리기를 훈련하면 자극과 행동 사이에 시간적·정신적 여유를 둘 수 있다.

신경생물학적 관점에서 보면 이러한 마음 공간은 여러 가능성을 고려하게 해준다. 우리는 자극을 경험한 뒤 일단 멈추고, 그 경험에 대해 곰곰이 생각하고 나서 행동 회로에 진입한다. 반응 유연성을 형성하면 그 순간에 가능한 한 '가장 현명한 자신'이 되겠다고 선택할 수 있으므로 자신과 주위 사람을 더욱 행복하게 해주고 스트레스를 줄일 수 있다.

물론 감정이 과열된 순간에 한숨을 돌리는 것은 말만큼 쉽지 않다. 하지만 당신은 할 수 있다. 정말 그렇다. 또 훈련을 쌓을수록 더욱 능숙하게 할 수 있다. 한숨 돌리기가 완전히 자연스러울 수도 있고 그렇지 않을 수도 있지만, 어려운 상황에 직면했을 때 점차 더 자연스럽게 한숨을 돌릴 수 있을 것이다.

○
아이에게 한숨 돌리기를 가르친다

여기 훨씬 흥미진진한 사실이 있다. 결정적으로 중요한 한숨 돌리기 능력을 지금 당장 키워줄 수 있다는 것이다. 4학년 아이가 수학시험을 계기로 한숨 돌리면서 자신을 진정시키는 능력을 발달시킬 수 있었듯 당신의 아이도 비슷한 장애물에 직면했을 때 통찰을 달성하는 법을 배울 수 있다. 아이가 도전에 맞닥뜨렸을 때 한숨 돌리면서 통찰력 넘치는 선택을 한다면 아이일 때부터 나중에 청소년이 되고 어른이 되어 살아갈 삶까지 얼마나 달라지겠는가! 게다가 아이가 그 자신의 아이를 얼마나 침착하게 사랑을 담아 양육할 수 있을지 상상해보라! 어릴 때 아이의 통찰과 반응 유연성을 발달시켜주면 말 그대로 여러 대에 걸쳐 감정과 관계를 성공적으로 다룰 수 있는 토대를 마련해줄 수 있다.

초등학교 1학년인 앨리스는 이 예스 브레인 개념을 멋지게 증명했다. 어느 날 앨리스는 가족이 새 도시로 이사 갈 예정이라는 말을 들었다. 동네와 친구를 떠나는 것이 정말 싫었으므로 부모에게 이사 소식을 듣자 소리 높여 울었다. 부모는 딸의 하소연을 들어주고 울게 놔뒀다.

이렇듯 통찰의 목표는 감정을 피하는 것이 아니라는 점을 기억해야 한다. 감정은 좋은 것이고, 모든 자극에 대해 보일 수 있는 중요하고 건강한 반응이다. 그러므로 감정을 피하지 말고 감정에 충실하며 자극의 결과에 따라 더욱 바람직하고 건강한 결정을 내릴 수 있는 통찰을 개발하는 데 주력해야 한다.

이사 소식을 소화할 시간을 얼마간 보내고 한숨을 돌린 앨리스는 자신이 좋아하는 활동을 하겠다고, 즉 이 경험을 이야기로 만들어 표현하겠다고 마음먹었다. 그래서 다음 글을 쓰고 아빠의 도움을 받아 영상도 만들었다.

전구

뇌는 중요하다. 뇌는 슬픔, 분노, 행복, 즐거움처럼 많은 감정을 담는다. 감정은 줄줄이 매달린 전구 같다. 내가 행복할 때는 줄에 달린 전구가 켜져 있다. 전구가 한꺼번에 너무 많이 켜져 있으면 혼란스럽고 무섭다.

내 감정이 지금 그렇다. 이사를 가야 하기 때문이다. 이곳을 떠나야 한다고 생각하니 슬프고 겁이 난다. 하지만 약간 흥분되기도 한다.

전구가 한꺼번에 너무 많이 켜져 있다고 생각하면 조용히 자리에 앉아 심호흡을 해보라. 그러면 기분이 좋아진다.

이것이 바로 통찰을 사용해 자기감정에 책임을 지고 상황에 반응하는 방식이다. 앨리스는 약간의 흥분과 함께 슬픔과 두려움을 인식하고 이러한 감정에 주의를 기울이면서 생산적이고 건강한 방식으로 반응할 수 있었다. 앨리스가 관중의 관점에서 이야기를 썼다는 사실을 눈여겨보라. 울었을 당시 앨리스는 선수의 입장에서 혼란스럽고 두려웠다. 이러한 모습도 앨리스에게 중요한 측면이므로 앨리스는 자신의 일부를 인식하고 포용해야 했다. 하지만 관중의 관점으로 옮기고 나서는 마치 바깥에서 지켜보듯 자신이 처한 상황을 관찰하며 통찰을 달성할 수 있었다. 앨리스는 마음속에 있는 선수와 관중을 모두 포용할 수 있었으므로 통합을 이루었다. 경험과 자아의 측면이라는 서로 다른 부분을 연결하는 것이 통합의 정수다. 그리고 통합은 예스 브레인의 핵심이다. 게다가 앨리스는 감정에 부대껴 씨름하는 다른 사람들에게 조용히 앉아 심호흡을 하라는, 다시 말해 자극과 반응 사이에서 한숨 돌리기를 시도해보라는 조언까지 할 수 있었다.

모든 여섯 살짜리 아이가 이렇게 분명히 자신의 의견을 전달하지는 못한다. 전달은 고사하고 이러한 종류의 예스 브레인 통찰을 발달시키는 것도 쉽지 않다. 앨리스에게는 강력한 감정적

181

어휘를 제공해주고 딸의 내적 세계를 존중하며 관심을 기울여주는 부모가 있었다. 대부분의 아이들도 훈련을 거치면 자기이해와 반응 유연성을 향상시킬 수 있다.

어느 네 살짜리 남자아이는 부모에게 '감정을 길들이려면 이름을 붙여라' 기법을 배웠고, 경험을 다시 말하는 전략을 꾸준히 사용하면서 마음속에 발생한 격한 감정을 누그러뜨릴 수 있었다.

예를 들어 이 아이는 자기보다 나이가 많은 사촌의 집에서 하룻밤을 지내면서 귀신 나오는 집과 무시무시한 유령이 등장하는 만화 〈스쿠비 두Sooby-Doo〉를 시청했다(물론 이 두 가지 요소는 만화 속 악당이 사용한 술수다. 〈스쿠비 두〉의 고전적인 줄거리에서는 중간에 나서는 아이들이 없었다면 악당이 세운 사악한 계획은 결국 성공했을 것이다). 그래서 아이는 잠잘 시간이 되면 "엄마, 〈스쿠비 두〉 이야기가 자꾸 생각나서 무서워요. 그래도 다시 이야기해봐야겠어요"라고 말하곤 했다. 자신이 본 장면을 말하는 아들에게 엄마는 "그 유령은 어떻게 생겼든?"처럼 무서운 장면에 대해 자세히 물었다. 아들이 마음속 두려움을 재구성하고 결국 유령은 아들이 표현한 대로 "속이 훤히 보이고 지퍼가 달린 셔츠의 일종"에 불과하다는 사실을 기억할 수 있게 도와주었던 것이다.

이 꼬마 아이는 이야기를 다시 해야겠다고 어머니에게 요구하는 통찰을 발휘했다. 관중의 입장에서 선수인 자신이 순간적으로 느낀 두려움을 덜기 위해 무언가 해야 한다고 생각했기 때문이다. 아이는 본질적으로 반응 유연성을 보여주었고, 마음속에 있는 무시무시한 형상이라는 자극에 반응하기 전에 한숨 돌리기를 시도했다. 그런 다음 한숨 돌리기를 통해 건강하고 생산적인 선택을 할 수 있었다.

이러한 종류의 통찰은 예스 브레인 상태에서 나온다. 우리는 자신의 감정과 반응에 어떤 현상이 일어나고 있는지 스스로 인식하고 조사할 수 있도록 모든 아이에게 통찰을 심어주고 싶다. 아이들이 어려운 상황에 직면할 때 나이와 발달단계에 맞춰 자신의 내면세계에 주의를 기울이고 감정이 격해지고 있다는 사실을 감지할 수 있기를 바란다. 고통의 감정을 감지하는 행위 자체만으로 아이가 감정과 행동에 책임을 지고 통제력을 잃지 않도록 도울 수 있다. 통찰을 활용하면 자신의 내면세계와 감정을 더욱더 잘 이해할 수 있을 뿐 아니라 감정과 행동도 더 잘 조절할 수 있다. 조절은 통합에서 비롯된다. 통찰은 상황을 인지하게 만들고, 분화된 경험을 연결시켜 통합을 이룬다. 결국 통찰이 만들어내는 조절과 균형이 아이와 가족 전체에 더욱 큰 행복과 평화를 안긴다.

부모의 역할:
통찰력을 키우는 전략

고통을 재구성하라

대부분의 어른도 마찬가지지만 아이들은 대개 고통스러운 경험은 본질적으로 부정적이고, 결정하기 쉬운 선택이 틀림없이 더 나은 선택이라고 생각한다. 하지만 이것은 선수의 생각이며, 그저 살아남으려고 애쓰는 지금 당장의 모습일 뿐이다. 관중이 상황을 더 명확히 파악하므로 부모는 관중의 통찰을 아이에게 가르치고 싶어 한다. 부모는 아이가 고통을 재구성해서 고통이 항상 나쁜 경험만은 아니라는 점을 이해하길 바란다.

여기서는 캐럴 드웩이 주장한 성장형 사고방식growth mindset 대 고착형 사고방식fixed mindset 개념이 중요하다. 고통을 겪으면 노력과 경험을 통해 성장형 사고방식을 갖출 수 있다. 이러한 마음 상태는 열정과 투지를 북돋아 도전에 다가서는 방법에 대해 통찰을 제공한다. 심리학자인 앤절라 더크워스Angela Duckworth 가 발표한 특징인 열정과 투지는 도전에 맞서 끈질기게 포기하지 않는 능력을 가리킨다.

이와 대조적으로 고착형 사고방식의 소유자들은 어려운 상황에 부딪히면 자신의 약점이 드러난다고 생각한다. 이들은 내적 능력을 노력으로 바꿀 수 없다고 믿기 때문에 앞으로 발생할 도전을 회피하는 경향을 보인다. 또 자신이 언제나 성공해야 하고, 삶은 쉬워야 한다고 믿는다.

부모가 아이를 지지하는 태도는 옛날 방식대로 삶은 공정하지 않다는 식으로 설교하거나 힘든 노동과 지연되는 보상에 가치가 있다고 가르치는 것이어서는 안 된다. 성공이라는 종착역은 수월하게 도착할 수 있는 곳이 아니고 삶은 노력과 발견의 여정이라고 가르쳐야 한다. 이러한 방식으로 성장형 사고방식을 뒷받침하는 통찰을 제공할 수 있다. 부모는 어려운 상황에 직면한 아이에게 '어떤 경험을 선택하겠니?' 같은 간단한 질문을 던져 통찰을 발달시켜줄 수 있다.

예를 들어 하키팀에서 골키퍼를 하고 싶어 하는 열 살인 딸이 추가로 훈련하는 것은 싫어한다고 해보자. 부모는 이를 문제라고 생각하고 딸에게 쉽게 얻는 것은 없다거나, 재능은 있지만 열심히 훈련하지 않는 사람은 노력하는 사람을 이길 수 없다고 가르치고 싶은 유혹을 느낄 수 있다. 하지만 그저 자신이 처한 상황을 아이가 좀 더 분명하게 파악해서 통찰력 있는 결정을 내릴 수 있도록 도와주면 어떨까? 유용한 대화의 예를 들어보자.

딸: 크리스탈이 늘 골키퍼를 차지해요. 저는 한 번도 못 해봤는걸요.

아빠: 불만이겠구나.

딸: 네. 크리스탈이 잘하기는 해요. 하지만 그건 훈련이 끝나고 나서 선생님이 가르쳐주기 때문이에요.

아빠: 너도 훈련을 끝내고 선생님께 배우고 싶니? 선생님이 그렇게 해주겠다고 전에 말한 적이 있어.

딸: 하지만 훈련을 이미 한 시간 반 동안 받은 다음인 걸요. 그 정도면 스케이트를 오래 타는 거예요.

아빠: 그렇구나. 그러면 이렇게 생각해보자. 우리가 희생에 대해 이야기했던 것 기억하지?

딸: 알아요, 아빠. 실력이 좋아지고 싶으면 희생을 해야 한다는 거잖아요. 수백 번도 더 들었어요.

아빠: 아니, 그 말을 하려는 것이 아니란다. 네가 어느 쪽이든 희생을 하게 되리라고 말하려던 참이었어. 어떤 희생이든 스스로 선택하는 것이니 무엇을 선택해도 괜찮아.

딸: 네? 그게 무슨 뜻이에요?

아빠: 훈련이 끝나고도 남아서 뒤로 스케이팅하는 기술과 방어 기술을 연마하는 것은 희생일 거야. 하지만 추가로 훈련을 하지 않겠다고 결정하는 것도 희생이지. 그러면 기술이 향상되어 경기 때 골키퍼로 더욱 자주 나설 기회를 희생하기 때문이야.

딸: 그렇겠네요.

아빠: 생각해보렴. 두 선택사항 모두 단점이 있다는 것을 알아. 하지만 어떤 면에서는 좋지. 네가 원하는 대로 선택할 수 있으니까. 추가로 시간을 들여 훈련을 받기로 선택해서 골키퍼를 더욱 자주 하거나, 빙판에 더 있지 않겠다고 선택해서 골키퍼 훈련에 투자하는 시간을 줄일 수 있지. 모두 네가 결정하기 나름이란다.

아빠가 딸의 입장에서 문제를 어떻게 재구성했는지 알겠는가? 아빠는 딸이 자신의 상황에서 벗어나 관중의 입장에서 자신에게 주어진 선택사항을 좀 더 온전하게 볼 수 있도록 도왔다. 결정해야 하는 자리에서 딸을 구출하거나 결정과 관련된 불편한 감정을 제거하지 않으면서 도왔던 것이다. 문제에 대해 아무 언급을 하지 않은 채로 다만 딸이 자신의 욕구를 깨닫고, 스스로 희생자처럼 느낄 필요가 없다는 사실을 알도록 도왔다. 즉 딸이 통찰을 키우도록 했다.

아이가 이 개념을 소화하려면 몇 번 더 대화해야 할 수도 있고, 이 방법을 사용하더라도 어려운 선택을 해야 하는 아이에게서 모든 좌절이나 자기연민을 제거해줄 수 있는 것도 아니다. 하지만 이 아이는 궁극적으로 '관중의 관점'에 서는 방법을 배울 것이다. 살아가며 겪는 사건에 대해 자주 관중의 관점에 서야 한다

고통을 재구성한다

는 사실을 거듭 기억하면서, 강하고 통찰력 있는 자아감을 형성하는 동시에 더욱 큰 결단력과 용기를 발달시킬 것이다. 앞으로 아이가 어렵고 중요한 결정을 내릴 때 이렇게 생각할 수 있는 능력이 얼마나 유용하게 쓰일지 상상해보라!

어느 한쪽 희생을 선호하는 논리는 아주 어린 아이에게 지나치게 복잡할 수 있지만 부모가 기본 개념을 습득할 수 있는 토대를 구축해줄 수 있다. 세 살짜리 아이가 자리에서 일어나지 않으려고 버티면 부모는 이렇게 말할 수 있다. "롤라 이모를 만나러

가려면 지금 신발을 신어야 해. 이모를 무척 만나고 싶어 했잖니. 여전히 가고 싶은 거지?" 이때 부모는 아이에게 신발을 신거나 롤라 이모를 만나러 가지 못하는 두 가지 선택지 중 하나를 결정하는 훈련을 시키는 것이다. 물론 이 방법은 조심스럽게 사용해야 한다. 롤라 이모를 만나러 가는 것이 대안이 아닌 경우가 많기 때문이다. 세 살짜리 아이에게 거짓말을 하고 나서 상황을 모면할 방법을 찾아야 하는 것은 그리 바람직하지 않다.

아이가 어릴 때는 신발을 신지 않겠다고 버티는 정도지만, 좀 더 크면서 하키 연습을 할지 말지를 결정하고, 그 후에는 수학 문제를 어떻게 풀지 선택하는 문제로 옮겨간다. 이때 부모가 추구해야 할 궁극적인 목표는 아이가 통찰을 발달시키고 자신의 감정을 평가하며 이해하는 능력을 더욱 신뢰할 수 있도록 돕는 것이다.

최신 연구 결과에 따르면, 고통과 반응 유연성에 관한 관점을 재구성하는 방법이 유용하다. 이 방법이 영향을 미치는 범위는 아이가 매일 직면하는 고통을 넘어선다. 아이가 경험을 인지하는 방식에 따라 실제적인 정신적 외상과 그 영향까지도 완화할 수 있다. 두 사람이 같은 사건을 경험하더라도, 한 사람에게는 정신적 외상이 남지만 다른 사람에게는 그렇지 않을 수 있다. 개인이 정신적 외상이나 다른 힘든 상황에 대처하며 결과적으로 심오한 긍정적 변화를 경험하는 순간을 나타내기 위해 '외상 후 성장post-traumatic growth'이라는 용어까지 생겼을 정도다. 정신적 외상이 심각한 사람들도 있지만 일부 연구 결과를 봤을 때 정신적 외상의 생존자 중 70%까지는 고통을 겪은 후에 긍정적인 결과를 얻었다고 보고한다(개인적인 역량의 증가, 전반적으로 사랑하는 사람과 삶에 대한 감사, 타인에 대한 공감의 증대 등).

이렇게 사람마다 결과가 다른 요인은 무엇일까? 이때도 한숨 돌리기가 상당히 큰 비중을 차지한다. 한숨 돌리기는 통찰을 달성하고 혼란스럽거나 두려운 경험에서 의미를 찾아내며 반응 방식을 선택하게 해준다. 사건 자체를 넘어서서 어려운 문제에 대한 통찰과 자신만의 관점을 통해 우리는 경험이 자신의 삶에 얼마나 긍정적·부정적으로 영향을 미치는지 결정할 수 있다. 살아가며 스트레스를 겪는 것이 의미 있는 일이 발생하고 있다는 반증이라고 인식하기만 해도, 몸의 긴장, 심박수 증가, 호흡을 해석하는 방식을 바꿀 수 있다.

우리가 무언가에 마음을 쓸 때 통찰을 발휘해 스트레스를 불가피한 요소로 재구성하면, 부정적인 결과를 중립적이거나 심지어 긍정적인 결과로 다시 인식할 수 있다. 따라서 훈련을 통해 아이가 고통을 재구성할 수 있도록, 그리고 자신이 좋아하지 않는 상황을 어떻게 경험할 것인지 선택할 수 있도록 가르쳐야 한다.

아이가 자신에게 일어나는 모든 사건을 통제할 수는 없다. 그러나 즉각적으로 반응하기 전에 부모의 도움을 받아 한숨 돌리는 능력을 훈련하고 발달시키면, 충동적으로 대응하지 않고 자신의 감정을 인식하며 세상과 상호작용하는 방식을 선택할 수 있다.

시뻘건 화산 폭발을 피하라

시뻘건 화산에 비유해서 선수와 관중 개념을 아이에게 실용적으로 가르칠 수 있다. 시뻘건 화산은 나이와 상관없이 아이들이 즉시 이해할 수 있는 단순한 개념이며, 2장에서 자세하게 설명한 자율신경계의 가동 방식에 뿌리를 내리고 있다. 감정이 격해질 때 과다각성 상태의 교감신경계(우리를 활성화하는 가속페달)가 우리를 레드 존으로 보낸다는 사실을 기억할 것이다. 통찰을 달성하고 감정과 행동을 다루기 위해서는 레드 존의 과다각성 개념을 인식하는 것이 특히 중요하다.

이 개념을 가장 단순한 형태로 설명하면, 아이든 어른이든 감정이 격해질 때 신경계가 각성하고 이러한 현상을 몸으로 느낀다. 심장박동이 빨라지고 호흡이 가빠지며 근육이 긴장하는 동시에 체온이 상승한다. 이처럼 자신을 괴롭히는 자극에 대한 감정적 반응을 종형 곡선으로 생각하고 시뻘건 화산에 비유해 아이들을 이해시킬 수 있다.

시뻘건 화산

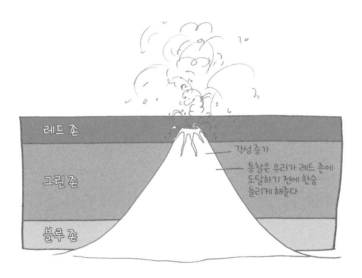

감정이 더욱 격해지면 우리는 화산 꼭대기를 향해 움직인다. 능선의 꼭대기에는 위험이 도사리고 있다. 꼭대기에 도달하면 레드 존으로 들어가 감정을 폭발시켜서 자신의 감정·결정·행동을 통제하는 능력을 잃기 때문이다. 궁극적으로 우리는 화산 꼭대기를 넘어서서 산의 반대편 능선을 타고 내려오면서 다시 그린 존으로 들어갈 수 있다. 하지만 가급적이면 통제력을 잃고 감정을 폭발시키는 산꼭대기의 레드 존에 도달하지 않아야 한다.

감정이 격해지는 것이 잘못은 아니다. 이것은 아이에게 꼭 말해주어야 할 중요한 사실이다. 아이가 자신의 감정, 특히 강렬한 감정을 느끼고 표현하는 것은 건강한 현상이다. 편안한 '좋은' 감정은 물론 불편한 '나쁜' 감정도 마찬가지다. 이렇듯 강한 감정에서 비롯한 신경계 각성을 인식하고 타인이나 자신에게 표현하는 것도 괜찮다. 감정에 개방적인 태도를 취해 내적 반응을 억제하지 않는 것이 유익하다. 각성은 우리가 화산에 올라 폭발을 향해 움직이기 시작했다고 경고하는 신호이기 때문이다. 심장박동이 빨라지고 숨이 가빠지거나 근육이 긴장하는 것은 주의를 기울여야 할 중요한 경고이자 생존의 위협에 처했을 때 유용한 지표다.

따라서 아이들은 감정과 신체가 경험하는 것은 무엇이든 인식하는 것이 좋다. 동시에 언제 교감신경계가 각성을 증가시켜 자신을 시뻘건 화산으로 올라가게 내모는지 알아차리는 통찰을 발달시켜야 한다. 이러한 인식이 자극과 반응 사이에서 강력한 한숨 돌리기 도구를 제공할 것이다. 한숨을 돌리지 않는다면 아이들은 곧장 산꼭대기를 향하며 혼란스럽고 대처하기 힘든 레드존으로 들어가 감정을 폭발시킨다.

통찰은 선수와 관중 개념에 잘 들어맞는다. 예를 들어 여덟 살인 아이가 두 시간 동안 굶고 나서 사랑스러운 아이에서 배고파

화를 내는 아이로 곧장 바뀌는 현상을 감지했다고 치자. 저혈당 때문에 나타나는 구체적인 증상과 저혈당이 기분에 미치는 영향을 자세히 살펴보지 않더라도 부모는 이러한 패턴을 알아차릴 수 있다. 아이의 기분이 좋을 때(감정이 폭발하기 직전일 때는 시도하지 마라!) 부모는 다음과 같은 말로 대화를 시작할 수 있다. "전에 네가 다저스 야구 모자를 찾지 못했을 때 성질을 냈던 적이 있지? 너는 원래 그런 일로는 좀처럼 짜증을 내지 않잖니?" 이제 부모가 감지한 패턴, 즉 얼마간 굶으면 평소와 달리 짜증을 낼 때가 있다는 사실을 지적하고 시뻘건 화산에 대해 설명한다. 그런 다음 선수와 관중에 대해 가르치고, 배가 고파서 선수의 감정이 격해졌다는 사실을 관중이 감지할 때 사과 하나를 손에 쥐면 선수의 기분이 얼마나 좋아지는지 보라고 가르치는 것도 좋은 방법이다.

다시 말하지만 이러한 종류의 통찰을 달성하는 것이 당장은 쉽지 않다. 하지만 훈련을 하다 보면 내면에서 무슨 현상이 벌어지고 있는지 인식하고, 화산 꼭대기에 도달하기 전에 한숨을 돌리고 나서 행동을 취하는 능력을 향상시킬 수 있다. 이러한 통찰은 평생 아이에게 큰 힘이 되어줄 것이다.

이렇듯 부모는 분노에 완전히 장악당하기 전에 아이가 분노를 인식하도록 가르쳐야 한다. 하지만 이뿐이 아니다. 수학시험을 치르는 아이가 불안이 커지는 현상을 어떻게 감지했는지 기억하라. 처음 집밖에서 잠을 자게 되었다고 불안에 떠는 아이를 떠올려보라. 집단에 섞이면 격한 감정에 쉽게 휩싸여 마음의 문을 닫고 아무 하고도 대화하지 않으려는 아이를 상상해보라. 이처럼 온갖 감정을 겪는 아이들에게는 통찰이라는 도구가 필요하다. 아이들은 자신의 신체적·정서적 감각에 주의를 기울이며 반응하기 전에 한숨 돌리는 법을 배워야 한다. 그리고 시뻘건 화산의 꼭대기에 다다르기 전에 멈춰 스스로 변화를 선택할 수 있다는 사실을 배워야 한다.

○
예스 브레인 아이:
아이에게 통찰을 가르쳐라

부모가 아이에게 줄 수 있는 최고의 선물은 그린 존을 벗어나는 때가 언제인지 인식하고, 상층 뇌에 대한 통제를 잃고 감정이 폭발하거나 짜증을 내기 전에 조치를 취할 수 있는 능력을 향상시키도록 돕는 것이다.

통찰을 가르치는 방법

자신의 감정에 대해 다시 이야기해보고, 레드 존에 주의를 집중하면서 애당초 레드 존에 들어가지 않으려면 어떻게 해야 하는지 살펴본다. 자신의 감정을 화산으로 생각해보자. 자신이 분화구 아래쪽에 있다면 그린 존에 있는 것이다. 그때는 마음이 평화롭고 차분하다.

하지만 감정이 정말 격해지고 화가 나면 산을 오르기 시작하면서 레드 존으로 향한다. 산꼭대기에 도달했을 때 무슨 일이 벌어질지 상상해보라. 폭발한다!

예스 브레인 아이들의 비밀

소리를 지르거나 물건을 집어 던지고 무언가를 찢어 산산조각 내는 등 감정을 전혀
통제하지 못한다.

감정이 격해진다고 해서 잘못은 아니다. 하지만 시뻘건 화산의 꼭대기에 도달하기
전에 멈출 수 있다면 어떨까? 감정이 격해지기 시작할 때 폭발하지 않고 감정을
가라앉힐 수 있다면 어떨까? 한숨을 돌리면서 심호흡을 하면 나아지지 않을까?

브로디가 겪은 일을 살펴보자. 형인 카일이 던진 공에 눈을 맞자 브로디는 몹시 화가 났다! 그래서 복수하기 위해 카일에게 뭔가를 던지거나 정말 못된 말을 해주고 싶었다.

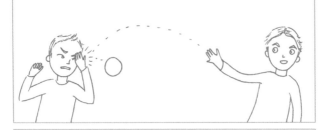

하지만 그러지 않고 한숨을 돌리면서 심호흡을 했다. 이것이 중요한 단계다. 브로디는 시뻘건 화산에 대해 생각했고 한숨을 돌릴 수 있었다. 전과 마찬가지로 여전히 화가 났지만 감정대로 행동하지 않았다.

이처럼 자신이 레드 존으로 향하고 있다고 느낄 때는 한숨을 돌려라. 격해진 감정을 중단할 필요는 없다. 그저 감정이 폭발하기 전에 한숨을 돌려라. 그런 다음 뜸을 들이면서 부모에게 도와달라고 부탁하거나 다른 사람에게 자신의 감정을 말하는 등 다른 반응 방식을 생각해본다.

예스 브레인 부모:
부모의 통찰력을 키워라

이 장에서는 아이에게 통찰력을 키워주는 방법뿐 아니라 통찰력이 부모나 다른 개인에게 얼마나 중요한지 평소보다 더욱 강조하며 설명했다. 부모가 자신과 아이를 위해 연마할 수 있는 가장 중요한 기술의 하나는 주의를 집중하고 자신의 좌절이나 두려움, 분노가 상승하면서 그린 존을 벗어나기 시작한다는 사실을 감지하는 것이다. 그러면 한숨을 돌리면서 관중 입장에 서서 통찰과 의도에 따라 반응할 수 있다.

현재 일어나고 있는 현상은 물론 과거에 일어났던 현상에 대해서도 통찰을 발달시키는 것이 중요하다. 부모를 상담하면서 "나쁜 부모 밑에서 자랐다면 나도 나쁜 부모가 될까요?"라는 질문을 자주 받는다. 부모가 한 것과 똑같은 실수를 반복하면 어떡하지 걱정하는 것이다.

과학은 이 질문에 대해 명확한 결론을 제시한다. 절대 그렇지 않다. 물론 양육을 받은 방식이 자신의 세계관과 양육법에 분명히 영향을 미친다. 하지만 자신에게 일어난 구체적인 사건보다 훨씬 중요한 것은 어린 시절 경험을 이해하는 방식이다. 기억과 과거가 현재 자신에게 영향을 미치는 방식을 분명하게 이해하면 자신과 아이 양육 방식에 관해 새 미래를 구축할 수 있다. 연구 결과가 전달하는 메시지는 분명하다. 자신의 삶을 이해하면 과거의 감옥에서 해방되고 스스로 원하는 현재와 미래를 구축하는 데 유용한 통찰을 얻을 수 있다.

하지만 자신의 삶을 이해한다는 것은 구체적으로 무슨 뜻일까? 대니얼은 특히 메리 하트젤Mary Hartzell과 공동 저술한《양육의 모든 것Parenting from the Inside Out》에서 이 주제에 관해 썼다 (삶을 이해하는 것이 무엇인지 깊이 탐구하고 싶은 사람에게는 이 책이 좋은 출발점이 될 것이다). 근본적인 개념부터 살펴보자. 자신의 삶을 이해하는 것은 '일관성 있는 이야기coherent narrative'를 전개하는 것이다. 어린 시절에 가족 안에서 겪은 경험의 긍정적·부정적 측면을 곰곰이 생각해서 통찰을 획득하면 과거 경험이 어른으로 성장한 현재 모습을 어떻게 이끌어냈는지 이해할 수 있다. 우리는 과거에서 도망치지도 과거를 무시하지도 않지만, 과거에 사로잡히지도 과거 때문에 소진되지도 않는다. 자유의지로 과거를 생각하고 과거에 반응하는 법을 선택한다.

일관성 있는 이야기의 예를 들어보자. "엄마는 툭하면 화를 냈어요. 분명히 우리를 사랑하기는 했어요. 하지만 부모에게 크게 상처를 받았대요. 외할아버지는 일밖에 몰랐고, 외할머니는 겉으로 드러내지 않았지만 알코올중독자였어요. 엄마는 여섯 형제 중 맏이여서 늘 자신이 완벽해야 한다고 생각했어요. 그래서 모든 감정을 억눌렀는데, 상황이 잘못 돌아갈 때면 감정이 끓어넘쳤 죠. 나와 자매들이 주로 엄마의 분풀이 대상이었고 가끔 매질까 지 당했어요. 나는 모든 면에서 완벽해야 한다는 압박감을 아이 들에게 주고 싶지 않아요. 그래서인지 가끔씩 아이들이 잘못하더 라도 그냥 눈감아 버리는 경우가 많아 걱정이에요."

많은 사람이 그렇듯 이 여성도 이상적이지 않은 어린 시절을 보냈다. 하지만 엄마에게 연민까지 느끼면서 불우한 어린 시절에 대해 분명하게 이야기할 수 있고, 그 경험이 자신과 아이에게 어 떤 의미가 있는지 곰곰이 생각하며 자신의 양육 방식을 돌아보 았다. 그녀는 과거 기억을 떠올리고 당시 상황을 이해하면서 자 신의 경험을 구체적으로 자세히 서술할 수 있다. 이것이 바로 일 관성 있는 이야기다.

많은 사람이 부모와 함께 성장한다. 부모는 완벽하지 않지만 대부분 일관적이고 예측 가능한 태도를 취하면서 아이의 욕구에 민감하게 반응한다. 부모의 이러한 태도는 안정적 애착을 형성 한다. 반면 사례의 주인공처럼 이른바 '획득한 안정적 애착earned secure attachment'을 형성하는 사람도 있다. 자연스럽게 안정적 애 착을 느낄 수 있는 어린 시절을 부모에게 제공받지 못했지만, 성인으로 성장한 후에 과거에 겪은 경험을 깊이 이해하면서 자신의 애착 패턴을 바꾸고 아이에게 안정적 애착을 제공할 수 있다는 뜻이다.

이와 대조적으로 일관성 있는 내면의 이야기를 전개하지 못하고 안정적 애착을 형성하지 못한 어른은 과거 때문에 더 많은 시련을 겪는다. 실제로 자신이 살아온 이야기를 타당한 방식으로 서술하는 것조차 힘들어할 수 있다. 어린 시절의 가정생활을 말해달라는 요청을 받으면 심지어 성인이 되어서 겪은 최근 사건에 사로잡혀 자세히 말하지 못하기도 한다. 어린 시절에 경험한 감정과 관계를 상세히 기억하지 못하거나 감정적 삶을 차단해버릴 수도 있다. 가장 심한 경우로는 어린 시절 정신적 외상이나 상실을 너무 많이 겪어서 과거에 대해 이야기하지 못하고 여전히 혼란스러운 상태에 빠져 있는 것이다.

통찰과 일관성 있는 이야기는 자신을 이해하고 과거가 현재의 자신에게 어떻게 영향을 미쳤는지 이해하는 토대다. 자신을 이해하지 못하면 부모로서 아이가 스스로 보호받고 있으며 위험하지 않다고 느끼게 해주는 안정된 의사소통을 제공하기가 더욱 어렵다. 안전safe, 관심seen, 위로soothed, 안정secure을 뜻하는 네 가지 S를 기억하는가? 아이의 삶에 존재하는 네 가지 S는 안정적 애착을 형성하면서 아이의 삶이 성공할지를 알려주는 최고의 지표다.

자신의 과거를 이해하지 못하는 부모는 아이를 키우면서 자기 부모의 실수를 되풀이할 가능성이 크다.

하지만 자신의 과거를 돌아보고 분명하게 판단할 용기를 내 자신의 이야기를 명쾌하고 일관성 있게 파악하는 데 필요한 통찰을 발달시킬 수 있다면 과거에 입은 상처를 치유받기 시작할 것이다. 그러면 자신을 준비시켜 아이와 안정적 애착을 형성할 수 있으며, 그렇게 형성된 탄탄한 관계는 평생에 걸쳐 회복탄력성을 북돋는 원천이 된다. 이것은 자신을 위해, 자신이 맺은 관계를 위해, 아이를 위해 부모가 할 수 있는 가장 중요한 임무 중 하나다. 사실상 우리는 자신을 위해 예스 브레인 상태를 선택한 것이며, 이러한 태도는 유산이 되어 아이에게로 다시 손주에게로 대대로 전해진다.

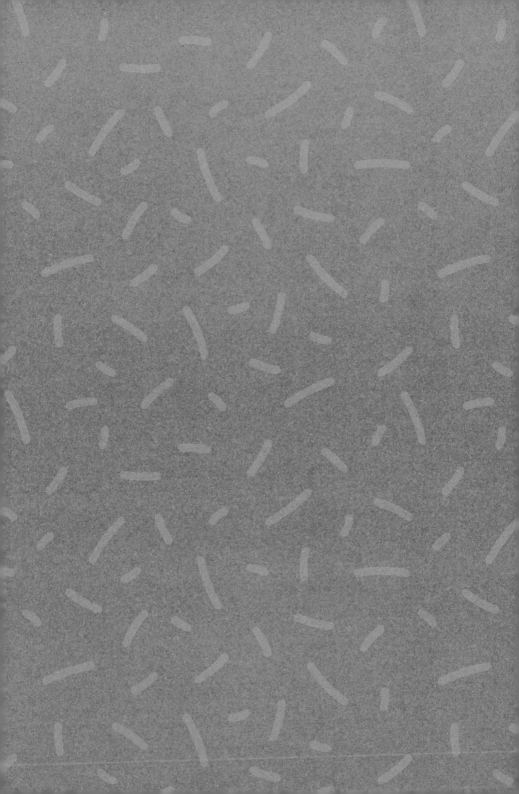

Chapter ⑤

공감하는
예스 브레인

아이가 아장아장 걸어와서 조립식 장난감으로 부모 머리를 톡톡 때리고는 부모가 눈에 띄게 아파하는데도 조금도 미안해하는 기색 없이 깔깔 웃는 장면을 그려보자. 그 아이가 자라서 타인을 배려하고 타인에게 공감하는 사람이 되리라 상상하기는 어려울 것이다. 다섯 살짜리 아이가 망토를 두르고 정장용 모자를 쓰고는 가족 모두에게 하던 일을 멈추고 자리에 꼼짝없이 앉아 언제 끝날지 모르는 즉흥 마술쇼를 계속 보고 있으라고 고집한다면(쇼가 끝날 때까지 화장실도 못 가게 한다!) 부모는 이렇게 자기중심적인 아이가 타인을 배려하는 사람으로 성장할지 걱정할 수 있다.

하지만 열여섯 살 데빈은 자기중심적인 태도를 넘어서 타인을 배려하고 사려 깊게 행동하는 능력을 끊임없이 보여주었다. 데빈은 대부분의 십대처럼 온갖 문제와 이기적인 모습을 보이는 전형적인 아이여서, 비이성적인 십대다운 결정을 내리기도 하고 가끔은 여동생에게 못되게 굴기도 한다. 하지만 전반적으로 타인을 배려하고 그들의 감정에 공감할 줄 안다.

예를 들어 최근에 아빠 생일을 맞아 데빈은 아빠와 함께 시간을 보내려고 친구와 이미 계획했던 여행을 취소했다. 또 할머니와 할아버지를 사람들이 보는 앞에서도 자주 포옹하고, 버스를 탔을 때 자진해서 다른 승객에게 자리를 양보하기도 한다. 어른들은 데빈이 정말 착한 아이라고 칭찬한다.

퉁명스럽고 자기중심적이면서 셀카를 찍어대기 바쁜 십대의 상투적인 이미지와 사뭇 다르지 않은가? 데빈을 묘사하는 글을 읽고 나면 공감 능력을 타고난, 본능적으로 온정이 넘치는 아이라고 추측할지 모르겠다. 하지만 처음부터 그렇지는 않았다.

사실 부모는 어린 데빈을 보며 걱정을 많이 했다. 중학교 입학을 앞둔 초등 고학년 때도 타인의 감정이나 관점을 고려하는 모습을 거의 보이지 않았기 때문이다. 데빈의 여동생은 자연스럽게 타인을 배려하고 타인에게 공감하는 것 같았으므로 부모는 자신의 욕구를 누르면서까지 타인을 '지나치게 배려하지' 말고 자기 생각을 더 해야 한다고 가르쳤다. 반면에 데빈은 타인을 배려하고 보살피는 영역에서 기술을 쌓아야 한다고 생각했다. 데빈은

CHAPTER ❺ 공감하는 예스 브레인

자신의 의견에 반대하는 사람은 누구든 틀렸다고 생각했고, 생일 케이크에 어김없이 제일 먼저 손을 댔으며, 마지막 남은 피자 조각을 앞뒤 가리지 않고 덥석 입으로 가져갔다. 주위 사람이 화를 내도 개의치 않았고, 솔직히 여동생을 못살게 굴고 가끔씩 학교에서 친구들을 괴롭히기까지 했다.

하지만 데빈의 부모는 여러 해 동안 공감에 대한 본을 보이고, 아래에 설명한 많은 전략을 사용하면서 아들을 교육시키는 데 공을 들였다. 부모의 교육이 빛을 발하면서 데빈은 전반적으로 공감하며 강력한 관계 형성 기술을 갖추고 타인을 배려하는 청년으로 성장할 잠재력을 드러냈다. 나이에 비해 상당히 깊은 수준으로 타인과 조율하는 능력을 갖춘 십대로 발전한 것이다. 현재 데빈은 네 번째 예스 브레인 근본 원칙인 공감을 발달시키는 과정에 있다. 부모는 예스 브레인에서 결정적으로 중요한 측면인 공감을 개발하도록 도와주어 나머지 삶의 전반적인 질을 향상시킬 수 있는 강력한 선물을 아들에게 선사하고 있는 것이다.

타인을 배려하는 사람이 특히 공감을 보이며 주위 사람에게 이롭게 행동하면, 좌절감과 분노가 줄어들고 비판적인 성향이 감소한다. 공감은 통합의 좋은 예로서 타인의 감정을 느끼지만 타인이 되지는 않는 것을 뜻한다. 타인과 자신을 동일시하지 않는 것이다. 분리를 유지하지 못하면 공감은 버겁게 느껴질 수 있고,

심지어 사람을 소진시킬 수 있다. 우리가 말하는 종류의 공감은 통합에서 비롯되며, 자아를 유지하는 데 필수적인 분리성을 잃지 않으면서 타인과 공개적인 연결성은 지속한다. 통합은 섞이는 것도, 같아지는 것도 아니며, 분리와 연결의 균형을 맞추는 것이다.

공감 능력이 좋은 사람은 도덕과 윤리에 크게 비중을 두면서 옳은 일을 하는 것에 의미를 부여한다. 앞에서 소개한 통찰과 공감을 결합할 수 있으면 그 결과 발생하는 마음보기를 활용해 더욱 인내하고 수용하고 인식할 수 있다. 이로써 보다 깊고 의미 있는 관계를 누리면서 전반적으로 더욱 행복해진다. 시각을 통한 외부 지각으로 주위에서 발생하는 현상을 감지하는 것과 마찬가지로, 분화된 자아를 인식하면서(통합) 마음보기를 통한 내부 지각으로 자기 내면을 보거나(통찰을 사용해서) 타인의 내면을 본다(공감을 사용해서).

뇌는 경험을 반복하며 변화한다. 따라서 공감을 북돋는 뇌 회로를 강화함으로써 가족의 일상적인 상호작용을 통해 마음보기 기술을 발달시키고 공감과 보살핌 능력을 키우는 방법은 많다. 공감을 북돋는 회로는 뇌의 여러 부위에 있는데, 과학자들은 상층 뇌 피질에서 생겨나는 이해와 연민은 물론 하층 뇌 변연계에서 생겨나는 공명 개념을 거론한다. 부모는 아이의 뇌에서 이렇듯 중요한 부위의 성장과 발달을 북돋아줄 수 있다.

내 아이가 지나치게 이기적인가

데빈이 어렸을 때 부모가 그랬듯 아이에게서 이기적 속성을 목격하고 걱정하는 부모가 많다. 부모는 타인의 행복에 기여하며 친절하고 인정이 많은 사람으로 아이를 기르고 싶어 하므로, 아이가 자기 잇속만 차리고 냉정한 속성을 보이면 고민에 빠진다.

부모가 이러한 고민을 호소하면, 우리는 공감을 담당하는 주요 뇌 부위가 어린 시절에는 아직 발달하지 않으며, 예스 브레인의 다른 근본 원칙과 마찬가지로 공감과 배려는 습득해야 하는 기술이라고 설명한다. 데빈의 사례로 알 수 있듯 아이들은 타인을 배려하고 보살피는 능력을 발달시킬 수 있다. 이 점에 관해서는 나중에 좀 더 상세히 설명하겠지만 우선 아이에게서 당장 보이는 자기중심적 성향을 불필요하게 확대해석하지 말아야 한다. 달리 표현하면 어린아이에게 공감이 부족한 것 같아 보이더라도 과잉반응 하지 않도록 주의해야 한다.

예를 들어 부모가 아이에게 공감을 발달시킬 시간을 주지 않았을 수 있다. 사실 발달단계를 고려하면 아이들이 자신을 먼저 생각하는 것은 정상이다. 그만큼 생존 가능성을 높일 수 있기 때문이다. 하지만 우리 사무실을 찾아와서 이렇게 말하는 부모도 있다. "내 아이가 반사회적 인격장애를 앓고 있다는 생각이 듭니다. 얼마나 자기애가 강하고 이기적인지 몰라요. 자신을 빼고는 누구도 배려할 생각이 손톱만큼도 없거든요." 이 말을 듣고 딸이 몇 살인지 물으니 부모는 세 살이라고 대답한다. 그러면 우리는 그저 미소를 지으며 범죄자가 될까 봐 걱정하기에는 아이의 나이가 어릴 뿐더러, 구글에서 '가족이 면회하기에 가장 적합한 교도소'를 검색할 이유는 조금도 없다고 부모를 안심시킨다. 무엇보다 아이들이 스스로 발달하도록 놔두기만 하면 된다.

너그럽고 인정이 많던 아이가 자기중심적 성향으로 바뀌어가고 공감 부족을 드러내기 시작했다며 걱정하는 부모도 있다. 이 경우 우리는 아이가 성장하는 단계를 거치고 있을 뿐인지, 아니면 아이가 어떤 도움을 요청하고 있는지 부모와 함께 살펴본다. 그러면서 아이의 뇌와 신체가 급격한 변화를 겪고 있으며, 이러한 변화에 따라 아이의 행동과 관점이 필연적으로 바뀐다는 점을 부모에게 설명한다. 또 치아가 나오거나 감기에 걸렸거나 가족이 이사를 하거나 형제가 태어나는 등 아이가 성장하는 과도기에 발생해 크든 작든 영향을 미칠 수 있는 사건이 있었는지 따져본다. 몸, 인지, 운동근육이 급격하게 발달하면서 다른 발달 영역이 퇴행할 수도 있다. 뜻밖의 상황에 맞닥뜨려서 부모가 아이의 변화를 제대로 파악하지 못할 수 있다.

211

인간의 발달은 예측할 수 없고 직선적이지도 않다. 오히려 '두 발자국 앞으로 나아갔다가 한 발자국 뒤로 물러서는 과정'에 가깝고 가끔은 거꾸로 가거나 옆으로 가기도 한다. 특정 단계에 반응하는 '정확한 대답'을 찾아낸다 하더라도 어쨌거나 수수께끼를 풀자마자 상황이 다시 바뀔 수 있다는 뜻이다. 따라서 최근 아이가 평소보다 더욱 이기적인 모습을 보인다 하더라도 아이가 연민을 느끼지 못하는 심각한 성격 결함을 갖게 되었다는 증거는 아니다.

실제로 우리는 이러한 주제에 관해 '부모로서 역할을 수행할 때는 지금 당장에만 집중하라'는 중요한 진리를 강조하고 싶다. 그렇다. 부모로서 평생 활용할 수 있는 지식을 쌓더라도 유일하게 대처할 수 있는 방법은 지금 당장, 즉 현재에 집중하는 것뿐이다. 아이가 지금 겪는 경험으로 미루어 15세나 20세에 어떻게 바뀔지 판단하기는 힘들다. 그사이에 정말 많은 발달 과정을 거칠 것이기 때문이다. 현재에 집중하는 예스 브레인 기술은 지금 당장 부모에게 유용할뿐더러 시간이 흐르면서 미래에도 쓸 수 있다. 발달 과정을 엄밀하게 전문적으로 연구해온 우리마저도 아이들이 단지 몇 주나 몇 달 만에 비약적으로 성장하는 모습을 목격하면서 깜짝 놀란다! 그러므로 이기심, 수면 문제, 야뇨증, 분노 발작, 숙제 공포를 포함해 아이에 대해 걱정하는 문제가 무엇

예스 브레인 아이들의 비밀

이든, 지금 아이가 밟고 있는 발달단계가 영원히 지속될 수도 있다는 걱정의 유혹에 넘어가지 마라. 대학을 입학할 나이가 되면 딸은 더 이상 친구를 물어뜯지 않을 것이고(만에 하나라도 그런 일이 발생하면 우리에게 연락해야 할 것이다), 저녁식사 자리에 앉아 심술을 부리지도 않을 것이다. 주위 사람들의 감정과 필요를 나 몰라라 하지도 않을 것이다. 앞으로 일어날 수 있는 문제를 생각하며 두려워하거나 조바심을 내지 말고 6개월이나 계절 등 좀 더 작은 단위로 시간을 쪼개 생각하라. 책에 비유하자면 시간을 문단별, 쪽별, 장별로 생각하라. 아이가 현재 발달단계를 잘 거치도록 몇 달 동안 시간을 주면서 곁에서 일관성 있는 태도로 사랑하고 이끌어주고 가르치면, 아이는 그 단계를 무사히 통과하는 동시에 성장하는 데 필요한 기술을 익힐 것이다.

이렇게 표현해보자. 아이에게서 사려 깊고 타인을 보살피고 사랑하는 모습을 보고 싶겠지만 그렇지 못할 때라도 아이의 성격이 영원히 그렇게 고정되리라는 운명론적 생각에 사로잡히지 말아야 한다. 앞으로 많은 변화가 일어나리라 생각하면서, 타인을 보살피고 공감을 발휘할 수 있는 기술을 가르치도록 노력해라. 이러한 기술은 당연히 언젠가 필요할 뿐 아니라 아이가 성장하며 스스로 구사할 것이다. 그러므로 부모는 지금 당장 일어나고 있는 일에만 집중해야 한다. 아이의 학습은 부모가 현재 참여하는 상호작용 속에서 이루어진다. 또 행동은 의사소통이라는 사실을 기억해야 한다. 아이가 부모가 좋아하지 않는 행동을 한다고 치자. 실제로 아이의 이러한 행동은 "도와주세요! 이 영역에서 기술을 구축해야 해요!"라고 부모에게 말하는 것일 수 있다.

아이가 구구단을 외우지 못해 쩔쩔매고 있으면 부모는 산수 연습을 더 시키고 싶어 할 것이다. 마찬가지로 공감이 부족해 보인다고 생각하면 배려하는 뇌를 발달시킬 수 있는 기회를 마련해주어야 한다. 게다가 이러한 기술은 배울 수 있다.

짧게 한 가지 조언하자면, 공감은 자신을 희생하면서 타인을 만족시키는 것이 아니다. 자신 먼저 보호하라고 지속적으로 말해주어야 했던 데빈의 여동생과 비슷한 아이들이 있다. 데빈의 부모는 타인의 부탁을 거절해도 괜찮고 자신이 원하는 것을 요구해도 괜찮다고 딸에게 거듭 말했다. 부모는 자신의 욕구가 무엇인지 알지 못하고 자신을 돌볼 수도 없으면서 타인을 만족시키려고 애쓰는 사람으로 아이를 키우고 싶어 하지 않는다. 살아가는 동안 누군가가 제시하는 의견과 요구를 무조건 들어주기보다는 상대방이 어떻게 느끼는지 관심을 보이고 인식할 수 있기를 바란다.

이처럼 공감에는 여러 차원이 있어서 단순히 타인의 관점을 이해하는 수준에 그치지 않는다. 많은 정치인과 세일즈맨은 자신

행동은 의사소통이다

우리가 보는 행동은 친구를 놀리는 것이지만…

실제로는 공감 기술을 배워야 한다는 뜻일 수 있다

215

이 보유한 노련한 공감 기술을 사용해 타인을 움직인다. 공감을 키우려면 단순히 타인이 어떻게 느끼고 무엇을 원하는지 이해하는 데 그치지 않고 실제로 타인을 배려하고 보살피는 뇌를 발달시켜야 한다. 공감은 우리가 모두 긴밀하게 연결되어 있다는 사실을 깨닫는 것이다.

인간은 결국 특유하고 독립적인 개인이면서 서로 영향을 주고받는다. 우리 삶에 있는 사람들은 우리의 일부이고 우리는 그들의 일부다. 모두 '우리'라는 집합을 구성한다. 공감은 우리가 각자 '나'일 뿐 아니라 서로 연결된 '우리'의 일부라는 사실을 상기시킨다. 대니얼이 '엠위MWe'라고 부른 이러한 조합 개념은 통합된 자아를 형성하는 데 유용하게 작용해서 타인을 배려할 뿐 아니라 의미, 유대감, 큰 전체에 대한 소속감으로 가득한 삶을 지향한다.

공감 다이아몬드

살펴보았듯 실제로 공감에는 여러 측면이 있다. 공감을 규정하는 일반적인 정의는 타인의 감정을 느끼거나 경험을 감지하고, 그 사람이 겪을 일을 염려하는 데 초점을 맞춘다. 《앵무새 죽이기To

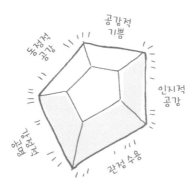

공감적
기쁨

동정적 관심

인지적
공감

감정적 공명

관점 수용

Kill a Mockingbird》에서 등장인물 애티커스 핀치가 말한 대로 "상대방의 피부 속으로 기어 들어가 그 사람이 되어 돌아다녀 보기 전에는" 결코 상대방을 진정으로 이해할 수 없다. 이것은 공감을 훌륭하게 표현한 말이다.

하지만 우리는 공감을 좀 더 상세하게 설명해보려 한다. 우리가 즐겨 사용하는 '공감 다이아몬드empathy diamond'는 공감의 다섯 측면과 타인을 배려하고 타인의 고통에 반응하는 방식을 가리킨다.

- **관점 수용**: 타인의 눈으로 세상을 본다.
- **감정적 공명**: 타인의 감정을 느낀다.
- **인지적 공감**: 타인의 전반적인 경험을 이해하거나 지적으로 습득한다.

217

- **동정적 공감**: 고통을 감지하고 고통을 줄이고 싶어 한다.
- **공감적 기쁨**: 타인의 행복, 성취, 웰빙을 기뻐한다.

공감 다이아몬드의 내용을 종합해보면 공감은 타인의 감정을 진정으로 느끼며 돕기 위해 행동한다는 뜻이다. 타인에게 봉사하고 세상을 바꾸는 것이 진정으로 도덕적인 삶의 모습이다. 다시 말해 공감은 우리가 곧장 도덕적이고 윤리적인 결정을 내리도록 이끈다. 배려하는 마음을 품으면, 예를 들어 상대방에게 거짓말을 하거나, 무엇을 훔치거나, 어떤 방식으로든 억압할 확률이 훨씬 줄어든다.

역설적이게도 타인에게 이로운 방향으로 행동하면 자신에게도 이롭다. 타인의 고통을 줄이려 노력하지 않은 채로 타인의 고통을 반복적으로 감지하면 공감 피로와 에너지 소진을 경험할 수 있다. 반면 연구 결과에 따르면 타인의 고통을 덜어주기 위해 행동할 때는 기쁨이 증가한다. 따라서 공감하라고 아이를 격려할 때 타인을 위해 행동하고 돕는 것을 포함해 공감 다이아몬드의 모든 측면을 발달시켜주어야 한다. 부모는 능동적으로 행동하라고 격려함으로써 결과적으로 아이들이 더욱 큰 기쁨을 누리며 살아가기를 바란다. 타인에게 봉사하는 것은 궁극적으로 자신의 삶을 더욱 윤택하게 만드는 최고의 방법이다.

배려하는 뇌를 형성하라

희망찬 소식은 공감을 포함한 네 가지 근본 원칙 등 예스 브레인 기술을 아이와 매일 상호작용하면서 가르칠 수 있다는 것이다. 다시 말해 부모가 아이와 진지하고 의미 있는 대화를 할 때는 물론이고 단순히 아이와 놀아주거나 말다툼을 할 때, 농담을 하거나 책을 읽어줄 때 모두 중요한 양육의 순간이다. 신경가소성의 과학에 따르면 모든 경험이 뇌에 영향을 주고 좋든 나쁘든 앞으로 아이가 성인기를 향해 나아가면서 형성할 모습을 이끌어낸다.

따라서 공감을 키워주려 할 때 보다 충실한 경험을 하도록 돕기보다 "… 하니까 이후부터는 좀 더 조심해야 해"라고 설교를 하기 시작하면 아이에게 지속적으로 영향을 줄 가능성이 거의 없다. 물론 공감에 대해 대화하는 것은 중요하지만 아이에게 훨씬 강력한 인상을 남기는 방법은 부모가 본을 보이는 것이다. 그러므로 타인의 말에 귀를 기울이고 타인의 관점과 의견을 고려해 배려하는 것이 어떤 의미인지 부모가 보여주어야 한다. 아이는 부모의 모습을 보고, 특히 힘든 시기를 보내는 동안 부모가 연민을 드러내는 방식을 지켜보며 공감 능력을 키울 것이다. 또 부모가 주위 사람을 배려하고 그들이 도움을 요청한다는 사실을 인식하려 노력하는 모습을 보며 세상을 살아가는 방식을 배우고 저절로 공감을 통해 세상에 접근할 것이다.

하지만 배려하는 뇌를 형성하는 것은 단순히 공감에 대해 가르치거나 본을 보이는 수준을 넘어선다. 아이는 타인을 의미 있는 방식으로 도울 때 느끼는 기쁨과 내적 만족에서 공감을 배운다. 또 타인을 배려하지 않겠다고 결정했다가 결국 자신의 결정에 대해 썩 기분 좋지 않은 경험을 했을 때도 공감을 배운다. 대부분의 사람은 어린 시절 어느 시기에 누군가를 도와줬어야 했는데 그렇게 하지 못했을 때 얼마나 기분이 좋지 않았는지 나중에 뒤돌아보며 후회한다. 이런 순간에 공감 근육이 자란다. 이때 부모가 지향해야 하는 목표는 높은 수준에서 타인과 타인의 감정에 주파수를 맞춰 뇌를 연결하도록 아이를 돕는 일이다. 주위 사람에 대해 생각하고 관심을 갖고 옳은 일을 하도록 격려함으로써 아이의 신경 회로에 개입하는 것이다. 또 타인과 무엇이 옳고 그른지에 관심을 두는 방향으로 뇌를 발달시킬 수 있도록 아이를 도와야 한다.

그렇다면 아이와 공감에 대해 대화하고 본을 보이는 것 외에 무엇을 더 할 수 있을까? 아이의 주의를 끌어서 주위 사람의 필요에 관심을 갖게 할 수 있다. 어떤 경험과 정보든 계속 주의를 기울이면 뉴런을 활성화하고 뉴런의 연결을 강화할 수 있다. 부모는 공감의 영역에서도 아이의 뇌를 활성화하고 성장하도록 자극을 주어야 한다.

주의를 집중하면 뉴런이 점화한다는 사실을 기억하라. 점화한 뉴런은 서로 연결되며, 뇌 전체에 걸쳐 발생하는 연결은 분배되고 통합된다. 따라서 부모가 다른 관점과 타인의 관심사에 주의를 기울이는 경험을 제공하면 아이는 공감하는 뇌를 활성화하고 성장시킬 수 있다. 주의를 집중하면 뉴런을 점화시키면서 앞으로 공감을 늘리는 방식으로 뉴런을 연결시킨다.

데빈의 부모는 이러한 방식으로 어린 아들을 도왔다. 아들이 타인의 경험과 마음에 주의를 기울이는 동시에 타인의 감정을 고려하도록 도와서 시냅스 연결을 강화했고, 결과적으로 16세 아이로는 상당히 높은 수준의 진정한 공감의식을 발달시켰다. 아들에게 책을 읽어줄 때는 "지금 로렉스의 기분은 어떨까? 원슬러가 나무를 몽땅 잘라버렸다고 로렉스가 벼락같이 화를 낸 이유는 무엇일까?"라고 물었다(미국 동화 《로렉스》의 등장인물 – 옮긴이). 영화를 볼 때는 가끔씩 장면을 멈추고 이렇게 질문했다. "올드 옐러가 다르게 행동하기 시작했을 때 트래비스가 슬퍼했다고 생각한 이유는 무엇이니? 너는 트래비스가 어떻게 해야 한다고 생각하니? 어떻게 하는 것이 옳을까?"(미국 영화 〈올드 옐러〉의 등장인물 – 옮긴이) 데빈의 부모는 등장인물의 감정과 동기를 인식하도록 주의를 끌면서 아들이 자기 세계 밖으로 나오도록 도왔고, 아울러 책과 영화의 등장인물이 자신과 완전히 다른 주관적인 관심과 생각을 지녔다는 사실을 깨닫게 했다.

이러한 훈련을 해나가다 보면 주위 사람들의 삶에 대해서도 비슷한 질문을 하기가 수월하다. "오늘은 담임선생님이 평소보다 쉽게 화를 내셨지? 오늘 아침 학교에 오기 전에 무슨 일이 있으셨던 것은 아닐까?" 매일 마주치며 대화할 때도 "애슐리가 어째서 슬퍼했다고 생각하니? 우리가 어떻게 도울 수 있을까?"처럼 기본적인 질문을 하면 마음보기와 도덕성에 대한 아이의 인식을 키우고 타인의 마음을 인지하는 토대를 쌓아줄 수 있다.

데빈은 부모와 수없이 대화하며 이러한 경험을 거듭 쌓았고, 자기중심적인 아이였던 데빈은 뇌의 통합을 거쳐 항상 그렇지는 않더라도 대부분 타인을 배려함으로써 관계를 형성하는 윤리적인 십대로 성장했다. 이것이 바로 통합된 뇌가 만들 수 있는 현실이다. 통합은 친절과 온정의 모습으로 나타난다.

이 밖에도 데빈의 부모는 아들의 공감을 발달시키기 위해 아들 스스로 부정적인 감정을 겪게 했다. 이 책 전반에 걸쳐 반복적으로 강조하는 것처럼 부모는 아이를 자신이 원하는 방향으로 발달시키지 말고 아이 각자의 모습대로 성장할 수 있도록 도와야 한다. 공감하는 뇌를 형성해준다는 것은 부모가 원하는 모습

예스 브레인 아이들의 비밀

공감하고 배려하는 뇌 형성하기

223

으로 아이를 조각한다는 뜻이 아니라 아이에게 더 많은 기술을 가르친다는 뜻이다.

우리가 아이를 과잉보호할 때 발생하는 문제에 대해 적지 않게 언급했듯 과잉보호를 받은 아이는 실망, 좌절, 심지어 패배를 통해 교훈을 배우지 못하는 동시에 회복탄력성을 구축하지 못한다. 뽁뽁이로 칭칭 감은 아이는 부정적인 감정을 직접 경험해서 얻는 공감을 온전히 발전시키지 못할 때가 많다. 데빈의 부모는 아이의 주의를 즉시 딴 곳으로 돌리거나 급히 개입해 상황을 바로잡는 대신에 슬픔, 좌절, 실망을 직접 느끼게 했다. 이때마다 데빈의 공감 잠재력이 커졌다. 데빈 스스로 고통을 겪으면서 마음 깊이 타인의 고통을 이해하고 공감할 여지가 생겼기 때문이다. 물론 데빈의 부모는 괴로워하는 아들 곁에 앉아 도닥여주었지만 고통을 부정하지 않았고, 다른 곳으로 주의를 돌리지도 않았다. 부정적인 감정이 얼마나 중요하고 교훈적이며 심지어 건강한지 알기 때문이었다.

데빈이 매우 어렸을 때를 예로 들어보자. 할머니가 이사를 가 슬퍼하고 있을 때 부모는 우는 아들을 그냥 좀 더 오래 안아주었을 뿐, 과자를 굽자고 꼬드겨 슬픔을 떨쳐내게 하지 않았다. 중학생이 되어 현장학습에 간 데빈이 친구 두 명에게 따돌림을 당해 버스에 혼자 앉게 되었던 적도 있었다. 부모는 학교에 있는 사람

모두가 자신을 미워하고 영원히 친구가 없을 거라고 두려워하며 호소하는 아들의 말에 귀를 기울여주었다. 물론 아들을 즉시 행복하게 해주고 다른 방법을 제시해주고 싶었지만, 그렇게 하지 않고 사랑하는 마음으로 최선을 다해 먼저 아들의 말을 들어주고 감정적 고통을 아들 스스로 느끼게 했다. 그러면서 이렇게 말했다. "정말 외로웠겠구나. 오늘 현장학습에서 일어났던 일도 그렇지만 친구 문제로 걱정하고 있구나. 견디기 힘든 일이지."

아들이 자기 생각과 감정을 표현하고 자신이 겪은 경험을 기꺼이 이야기하자, 데빈의 부모는 감정적 고통을 느끼면 기분이 좋지는 않겠지만 이것이 외로움이나 걱정에 휩싸인 타인의 심정을 이해하고 배려하는 능력을 키우기에 유익한 경험이 될 수 있다고 설명했다. 물론 문제를 해결하고 아이가 처한 상황에 대해 좀 더 많은 질문을 했는데, 그것은 모두 데빈이 자신의 감정에 직면한 후였다.

데빈의 부모는 부정적인 감정에서 아들을 구출함으로써 감정적 고통을 줄여주지 않았다. 대신 공감이라는 예스 브레인 능력을 더욱 발달시키고 남을 배려하는 십대로 자라나도록, 훗날 의미 있는 관계를 훌륭히 형성할 수 있는 성인으로 성장하도록 이끌었다.

공감의 과학

지난 몇 년 동안 과학자들은 공감을 훨씬 깊이 연구했고, 인간의 뇌, 심지어 어린아이의 뇌도 타인을 배려할 수 있는 방식으로 설정 돼 있다고 명확하게 밝혀냈다. 예를 들어 생후 12개월짜리 아기도 화가 나거나 스트레스를 받고 있는 사람을 위로하려고 시도한다. 유아는 당연히 자기필요와 욕구에 몰두한다고 알려져 있지만, 타인을 생각하거나 배려하며 타인의 감정과 의도까지 고려하는 능력을 보인다.

연구자와 생후 18개월 아기 사이에 오가는 상호작용을 조사한 연구를 예로 들어보자. 연구자는 유아와 편안한 관계를 형성하고 나서 물건을 슬쩍 떨어뜨렸다. 그러면 유아는 기어가서 물건을 집어 연구자에게 건네줬다. 반면에 연구자가 의도적으로 물건을 떨어뜨리자 유아는 의도성을 파악하고 아무 행동도 취하지 않았다. 어른에게 언제 도움이 필요한지 감지할 수 있었기 때문이다. 흥미롭게도 연구자들이 침팬지를 대상으로 같은 실험을 실시했는데, 침팬지는 연구자들을 알 뿐 아니라 친구로 생각하면서도 도우려는 열의가 훨씬 떨어졌다. 이렇듯 인간 유아는 초기 발달단계에서도 공감과 협력이 뇌에 선천적으로 각인되어 있는 반면에 침팬지는 이러한 종류의 공감을 전혀 보이지 않는다.

공감의 출처와 뇌에서 공감이 발달하는 방식을 다룬 흥미진진한 연구도 있다. 예를 들어보자. 과학적 발견을 살펴보더라도 인간에게는 원래 자기중심적인 성향이 있다. 인간은 '감정적 이기성 편견emotional egocentricity bias'을 지니므로, 자신이 세상을 보는 방식이 타인과 당연히 비슷하다고 가정해 이 편견을 근거로 결정을 내린다. 자기중심적인 성향이 극단으로 치닫는 경우에는 자기도취, 폐쇄적 사고, 성급함, 불관용, 경직성, 자신과 다르다고 인식한 사람을 판단하고 비판하는 경향 등 온갖 종류의 문제를 낳을 수 있다. 자신의 관점이 타인보다 우월하다거나 당연하다고 가정하는 사람은 타인을 존중하고 배려하는 시각으로 상황을 판단하기 어려우므로 타인과 의미 있는 관계를 형성할 수 없거나 만족스러운 대화를 하기 힘들 수 있다.

따라서 성장은 감정적 이기성 편견으로 기우는 선천적이고 자동적인 경향을 극복하는 능력을 발달시킨다는 뜻을 포함한다. 다행히 전반적인 회로 체계를 서로 연결하는 역할을 담당하는 뇌 영역은 자기중심성이 두드러지게 나타나는 시기를 감지하고 자기사고를 적응시키는 방향으로 작용한다. 우측 연상회right supramarginal gyrus, RSMG라 불리는 해당 뇌 영역은 우리가 예측할 수 있듯 상층 뇌에 자리를 잡고 있다. 뇌 전체의 기능에서 중요한

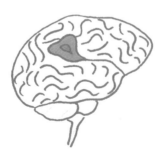

우측 연상회 RSMG

역할을 하는 우측 연상회 덕택에 우리는 타이밍과 경험을 바탕으로 발달하는 뇌가 어떻게 아이들에게 공감을 발생시키는지 알 수 있다.

우측 연상회가 적절하게 기능하지 않거나 아이들처럼 우측 연상회를 발달시킬 시간이 없는 경우에 개인은 자신의 감정과 상황을 타인에게 투사하는 경향이 더욱 강해진다. 하지만 반가운 소식이 있다. 상층 뇌에 있는 많은 다른 영역과 마찬가지로 우측 연상회는 아이의 성장과 더불어 계속 발달하면서 아이가 타인의 경험과 감정에 반복적으로 주의를 기울이며 많이 사용할수록 더욱 원활하게 기능한다. 다시 강조하자면 우측 연상회는 기술을 배울 수 있으며 강화할 수 있는 감정 근육이고, 발달시킬 수 있는 뇌 영역이다. 따라서 공감에 대해 생각하고 공감하는 훈련을 쌓을수록 더욱 공감 능력을 발휘할 수 있다.

최근 한 연구는 자신이 가르치는 학생들을 더욱 공감하며 대할 수 있도록 중학교 교사들을 격려하고 나서, 그 방법이 어떤 영향을 미쳤는지 조사하는 방식으로 이 점을 부각시켰다. 많은 사람이 알고 있듯 미국 학교의 정학률은 증가하고 있으며 당연히 교육 연구자들은 원인을 규명하기 위해 노력하고 있다. 연구자에 따라서는 관용을 찾아볼 수 없는 처벌 위주의 훈육 정책을 원인으로 지적하기도 하고, 학생의 자기통제 부족이나 과밀 학급과 교사의 훈련 부족을 꼽기도 한다.

하지만 해당 연구는 미국 학교가 안고 있는 정학률 증가 문제를 다른 방향에서 탐구했다. 캘리포니아 소재 다섯 개 중학교에서 근무하는 교사들에게 온라인 교육을 두 달 간격으로 두 차례 실시하고, 학생이 불량 행동을 보이는 원인을 생각해보라고 요청했다. 학생의 불량 행동은 생물학적으로 뇌와 신체 등에서 호르몬 변화를 겪는 십대에게 나타나는 저항적인 사회현상이다. 교사들은 학업의 성공과 안전하고 배려하고 존중하는 교육 환경을 결합한 학생들의 사례에 대해 강의를 들었다. 온라인 교육에서는 학생이 교사에게 보살핌을 받으며 가치를 인정받는다고 느낄 때 감정과 행동이 향상됐다고 강조했다.

아마도 연구가 어떤 결과를 낳았는지 추측할 수 있을 것이다. 통제집단과 비교해보면 학생의 인종, 성별, 가정소득, 심지어 과

거의 문제 행동 여부와 상관없이 교사에게 학생의 경험에 대해 생각해보라고 요청한 경우에 정학률이 급격히 감소했다. 비용을 해당 교육구에 부담시키지 않고 교사들에게 '공감 훈련'을 시키자 학생들의 정학률은 거의 절반으로 감소했다! 특히 정학률이 만성적 실업과 범죄 등 삶에서 일어나는 중대한 부정적인 결과와 관련이 있다는 점을 고려할 때, 공감 훈련은 현실 문제를 바꿀 수 있는 진정한 영향력을 발휘한다.

따라서 우리는 진정한 방식으로 사람들의 삶에 영향을 미칠 커다란 잠재력이 공감에 있다고 믿는다. 수많은 과학적 연구가 입증하듯 보살핌과 공감은 아이뿐 아니라 어른에게도 영향을 미친다. 예를 들어 의사가 '임상 공감clinical empathy'을 보이면, 환자는 자신이 더욱 존중을 받는다고 느끼면서 치료에 만족한다. 심지어 한 연구 결과에 따르면 감기에 걸려 병원을 찾은 환자는 의사에게 공감하는 말을 들었을 때 하루 일찍 병을 극복하고 훨씬 활발한 면역 반응을 보였다. 이 밖에도 진단이 더욱 정확해지고, 전반적인 건강 결과가 향상되고, 심지어 의료 과실을 제기하는 사례도 줄어들었다. 의사도 직업에 대한 만족도와 전반적인 행복감이 증가했다고 보고했다.

다양한 영역에 걸쳐 실시된 여러 연구는 타인을 배려하는 태도의 영향력을 입증하면서 공감이 아이들의 공격성과 행동 문제

를 줄이고, 가정과 결혼생활을 전반적으로 탄탄하게 할 뿐 아니
라 성폭행과 가정폭력을 감소시킬 수 있다고 주장한다. 달리 표
현하면 이러한 연구는 부모와 아이의 삶에서 목격할 다음과 같
은 현상을 강력하게 뒷받침한다. 타인을 배려하고 타인의 관점을
인식하기 위해 열심히 노력하면, 갖가지 긍정적인 결과를 이끌어
낼 수 있고 삶의 의미와 중요성을 향상시킬 수 있다는 것이다.

예스 브레인의 넷째 측면인 공감은 삶에서 통합이라는 중요한
경험을 만들어내는 요인이다. 공감을 활용하면 타인과 분리되는
동시에 결정적으로 유대를 달성할 수 있다. 따라서 우리는 타인
과 내적이고 주관적인 감정을 공유하고, 별개의 개인들은 '우리'
의 일부가 된다. 우리는 사회적 존재이며 공감은 삶에서 통합을
창출해내는 강력한 경로다. 이것은 단순하면서 중요한 진리다.

○
부모의 역할:
공감을 키우는 전략

공감 레이더를 미세하게 조정하라

타인을 배려하도록 아이를 가르치는 최고의 방법은 무엇일까?
타인을 배려하고 공감하는 렌즈를 통해 상황을 보게끔 뇌의 사

회 참여 체계를 활성화하는 것이다. 우리는 이러한 방법을 가리켜 '공감 레이더'를 미세하게 조정한다고 말한다.

능동적인 공감 레이더가 있으면 타인의 마음을 감지하고 주파수를 맞춰 언어 신호는 물론 비언어 신호를 감지할 수 있다. 이것은 감정적 마음보기와 비슷하다. 대화를 지배하는 상황을 좀 더 민감하게 알아차리고, 기분이 나쁠 때도 정중한 태도를 유지하면서 사람들과 잘 어울리는 방식을 찾는다. 부모가 피곤할 때 아이가 조심하듯 타인의 기분이 좋지 않을 때를 인식해 타인을 자극하지 않도록 더욱 민감하게 생각하거나 조심스럽게 행동하기도 한다.

공감 레이더를 활성화하면 보다 조심스럽고 수용적인 태도로 타인의 마음 상태를 이해할 수 있다. 이렇게 주의 깊은 태도를 지니면 주어진 상황을 더 잘 살필 수 있으므로 언제나 자신을 적절하게 돌보면서도 주위 사람에게 더욱 큰 행복을 안기거나 얼마간 스트레스를 덜어주는 방법을 찾을 수 있다.

마음보기 기술을 발달시키고 공감 레이더를 켜도록 아이를 돕는 방법은 많다. 예를 들어 4장에서 살펴봤듯 아이의 호기심을 북돋는 방향으로 상황을 재구성할 수 있다. 탐정처럼 다른 관점에서 질문을 던지는 방법을 배울 수 있게끔 돕는다. 반 친구가 감정을 통제하지 못하고 운동장에서 성질을 부린다고 치자. 주위

공감 레이더에 반응한다

판단하지 말고…

호기심을 사용하라고 가르친다

사람들은 즉시 "저 애 대체 왜 저래?"라고 반응한다. 이때 아이의 호기심을 자극하면서 "저 애는 어째서 저렇게 행동할까?"라고 물어 맥락을 재구성하도록 도와보자.

부모는 질문을 통해 아이가 화를 내면서 바로 비난하거나 비판하는 대신 호기심을 품고 다정하며 수용적인 태도로 상황을 재구성하도록 도울 수 있다. 이처럼 완전히 다른 두 질문을 통해 전형적으로 볼 수 있는 단순한 재구성 작업은 아이와 아이의 삶에 관계된 사람 모두에게 완전히 다른 경험을 안긴다.

상황을 재구성하는 실용적인 방법으로 역할극이 있다. 예를 들어 열 살 아이가 핸드볼 경기를 했는데 '늘 그랬듯' 반 친구인 조쉬가 자신을 속였다고 씩씩대며 집에 왔다고 해보자. 부모는 조쉬에 대한 비슷한 불평을 여러 차례 들었으므로 새로운 방법으로 아들과 역할극을 시도해보기로 했다. 이제 아들에게 "나는 네 역할을 맡고, 너는 조쉬 역할을 맡는 거야"라고 말한다. 그런 다음 아들 역할을 맡은 당신이 이렇게 말한다. "조쉬, 너는 핸드볼 하면서 누가 봐도 속임수를 썼어. 볼을 연달아 두 번 칠 수 없다는 규칙을 알면서도 쳤잖아. 게다가 공이 인인데도 아웃이라고 말했어."

아들은 "아니야"라고 발뺌하는 조쉬에게 어떻게 맞서야 할지 모를 가능성이 다분하다. 이때 아들과 좀 더 깊이 대화하면서 조쉬가 규칙을 제멋대로 자주 어기는 이유를 생각해보도록 유도할 수 있다. 조쉬 역할을 맡은 아들은 "내가 무엇에도 이겨본 적이 없기 때문에 가끔씩 속이는 거야"라고 말할 수도 있다. 아니면 자신이 조쉬의 부모에 대해 알고 있는 사실을 떠올릴 수도 있다. 아마도 조쉬의 아버지는 "승리는 전부가 아니라 유일한 것이다"라는 미식축구 감독 빈스 롬바르디Vince Lombardi의 말을 자주 인용하면서 아들에게 과잉경쟁 의식을 심어주고 패배는 용납할 수 없다고 느끼게 만들었을 것이다.

이처럼 상황을 재구성하려면 아들에게 여러 방향을 제시해주어야 하고, 조쉬의 관점에서 생각하는 통찰에 도달하도록 설득해야 할 수 있다. 하지만 모든 시도가 완벽하게 자연스러울 필요는 없다. 조쉬의 관점에서 생각하도록 도와주기만 해도 아들에게 감정적 마음보기 훈련을 시킬 수 있으며, 조쉬가 그렇게 행동하는 데는 나름대로 이유가 있다는 사실을 깨닫게 할 수 있다. 그래서 조쉬에게 화내지 않고 앞으로 더욱 인내심을 발휘할 수 있게 된다.

공감 레이더의 민감도를 높이는 최고의 방법은 피해자나 온갖 종류의 아웃사이더를 지지해주어야 하는 상황에 주의를 기울이게 하는 것이다. 어린 시절에는 누군가 괴롭힘당하는 일이 주위에서 흔히 일어난다. 아이에게 가상의 상황이나 학교에서 실제로 일어나 아이가 이미 알고 있는 괴롭힘 사례를 예로 들 수 있다. 대부분의 아이들은 쉽게 피해자에게 공감할 것이다. "매일 놀림을 받으면 어떤 기분이 들 것 같니?"라고 간단하게 물으면 된다. 그러고 나서 누군가 특정 방식으로 위협을 당하거나 부당하게 대우를 받을 때 어떻게 대처할 수 있을지 아이와 토론한다. 어떤 아이가 놀림을 받거나 따돌림을 당하거나 어떤 방식으로든 잔인한 대우를 받을 때도 마찬가지다. 그러한 상황에 놓이면 어떤 기분일지 생각하도록 돕기만 해도 감정 레이더의 민감도를 높여줄 수 있다.

다시 말하지만 부모는 일상에서 아이와 상호작용하면서 이러한 종류의 공감을 발달시킬 수 있다. 이따금씩 공감에 대해 더욱 진지한 대화를 시도하고, 매일 일상적으로 벌어지는 상황을 활용하며 배려심을 키울 기회를 반복해 제공한다. 예를 들어 우리가 알고 지내는 한 할머니는 자주 손자들을 봐준다. 그리고 손자들을 잠자리에 눕히기 전에 '평화가 깃들기를 기원하는 목록'을 함께 짚어나간다. "오늘 학교에서 슬퍼 보였던 친구 카틴카에게 평화가 깃들기를." "깨끗한 식수가 없는 사람들에게 평화가 깃들기를." 부모와 아이가 함께 브레인스토밍을 하면서 식탁에 음식이 올라오기까지 수고한 모든 손길에 감사하는 것은 자신을 뛰어넘어 타인을 떠올리는 훌륭한 방법이다. 타인의 경험을 고려하는 행동 자체가 자신의 공감 레이더에 참여하는 완전히 새로운 기회를 열어주기 때문이다.

아이에게는 생일과 명절도 타인의 바람에 대해 생각할 기회다. 요즈음 아이들은 생일파티에서 생일인 아이에게 상품권을 선물로 주곤 한다. 이러한 경향이 잘못된 것은 아니지만, 친구가 무엇을 좋아하거나 무엇을 원할지 고민하고 선택했던 전통의 장점이 사라지고 있다. 조부모나 친척에게 주는 선물도 마찬가지다. 사실 부모가 선물을 사고 나머지 사람이 카드에 축하 글을 적는 편이 훨씬 간편하다. 하지만 아이가 선물을 고르고 색도화지와 풀로 카드를 직접 만들게 하면, 타인을 행복하게 해주는 행동이 무엇인지 생각하도록 도와줄 수 있다. 이때 공감 레이더의 민감도가 크게 증가한다.

공감의 언어를 구축하라

공감을 키울 수 있는 다른 방법은 타인을 배려하는 어휘를 사용하는 것이다. 아이가 타인의 관점을 수용하고 자신과 타인의 감정을 동일시할 수 있더라도, 그 공감을 전달할 능력까지 저절로 발달하지는 않는다. 이것은 부모가 가르쳐야 한다.

누군가 마음을 다쳤을 때 대뜸 조언하기 전에 상대방의 말을 잘 들어주는 등 효과적인 감정 의사소통의 기본 원칙을 아이에게 알려주어야 한다는 뜻이다. 상대방이 내게 보인 행동이 아니라 '내' 감정에 초점을 맞춰 '내 관점으로' 말하는 확실한 기법을 가르친다는 뜻이다. "너는 맨날 크레용을 잃어버리는구나"보다는 "네가 크레용을 제자리에 갖다놓지 않으면 나는 화가 나"라고 말하는 편이 훨씬 효과적이다.

용서도 비슷하다. 누나가 남동생을 수영장에 빠뜨리고 나서 "미안해"라고 말할 수 있다. 하지만 부모는 남동생의 감정에 좀 더 신경을 쓰라고 말하며 딸에게 관심과 배려를 표현하는 태도를 가르칠 수 있다. 누나는 남동생에게 이렇게 말할 수 있을 것이다. "재미있을 거라고 생각했어. 하지만 네가 물속으로 들어가기 전에 숨을 쉴 여유가 없었을 거야. 그러니까 무서웠겠지. 내가 그렇게 하지 말았어야 했어." 공감을 표현하는 언어를 가르치면 주위 사람을 더욱 배려하는 방식으로 의사소통을 할 수 있을뿐더러, 공감하는 방향으로 뇌가 활성화하고 성장이 촉진된다.

부모가 아이에게 가르칠 수 있는 공감 언어 구사력은 괴로워하는 사람에게 사랑하는 마음을 전달할 때도 유용하게 쓰인다. 부모는 타인이 겪는 고통을 감지할 수 있도록 아이를 돕고, 타인을 배려하는 방식으로 반응하는 방법을 보여주어야 한다. 어린 아이를 키우고 있다면 그저 타인의 경험에 동참하도록 도와주는 것을 목표로 삼는다.

아이에게 이렇게 가르쳐라. 비난과 비판은…

'내 관점으로' 말하는 것보다 더 많은 문제를 일으킨다

동참하기의 재밌는 사례를 들어보자. 티나의 세 살짜리 아들 벤에게는 앤드루라는 친구가 있다. 앤드루에게 키우던 개가 얼마 전에 죽었다는 말을 들은 벤은 자기가 키우던 금붕어 두 마리도 얼마 전에 죽었다고 말하면서 친구를 위로했다. 그렇게 잠시 잠자코 있다가 죽은 금붕어를 엄마와 함께 변기 물에 흘려보냈던 기억이 났다. 그래서 앤드루에게 "너희 집에 무지하게 커다란 변기 있어?"라고 물었다.

아이들이 지닌 최고 장점 중 하나는 타인의 경험에 기꺼이 동참한다는 것이다. 아이들은 성숙해가면서 더욱 의미 있는 방식으로 타인을 돕고 싶어 하는 욕구를 발달시킨다. 그래서 어른과 마찬가지로 누군가 다쳤을 때 충고하거나("너는 … 해야 해"), 고통을 줄여주고 긍정적인 점을 보도록 돕고 싶어 한다("그래도 개가 한 마리 더 있잖아"). 이렇듯 좋은 의도로 반응하는 것은 아이들이 타인을 배려한다는 증거이므로 동기를 칭찬해주어야 한다.

하지만 조언을 하거나 밝은 희망을 주는 것이 공감하는 태도는 아니라는 사실을 가르쳐야 한다. 오히려 공감은 귀를 기울이고 곁에 있어주고 감정을 공유하는 태도에 훨씬 가깝다. 따라서 다음과 같이 공감하는 표현을 가르치면 좋다. "정말 아팠겠다." "무슨 말을 해야 할지 모르겠어. 이런 일이 일어나서 정말 안됐어."

공감하는 언어를 가르칠 때는 나이와 상관없이 아이에게 지나

아이에게 이렇게 가르쳐라. 충고하는 것은…

상대방의 말에 귀를 기울이고 옆에 있어주는 것만큼 강력하지 않다

치게 많은 것을 기대하지 않아야 한다. 어른조차도 화가 났을 때 자기감정을 효과적으로 표현하기 힘들다. 하지만 훈련을 쌓으면 어린아이도 공감을 전달하는 기본적인 대화 기술을 구사할 수 있다. 기초적인 공감 언어를 발달시키면 아이들은 훨씬 깊은 관계를 형성할 준비를 갖추고, 성인으로 성장해가면서 더욱 풍부하고 더욱 의미 있는 관계를 맺는다.

관심의 원을 넓혀라

우리가 생각하기에 배려하는 뇌를 키우는 것은 가족과 친구, 학교에 있는 다른 아이들을 포함해 아이의 삶에 관계된 사람들을 돌보라고 가르치는 것이다. 하지만 주위 사람의 욕구와 필요를 인식하는 것만큼이나 진정한 공감은 자신이 이미 알고 사랑하는 사람을 배려하는 수준에 그치지 않는다는 점도 가르쳐야 한다. 배려하는 뇌는 '관심의 원'을 확대해서 즉각적이고 긴밀한 관계의 바깥에 있는 사람에 대한 인식과 이해를 증대시킨다.

관심의 원을 확대하는 방법은 여럿이다. 대부분은 타인의 내면세계에 아이를 노출시켜 스스로 무엇을 감지하고 무엇을 감지하지 못했는지 인식하게 만드는 것으로 집약할 수 있다. 당신이 거주하는 지역이 폭염으로 몸살을 앓고 있다면 노숙자들은 얼마나 목이 마를지, 에어컨이 없어서 얼마나 많은 사람이 큰 고통을 겪을지 아이에게 가르친다. 그러고 나서 고통받고 있는 사람이 누구일지 함께 생각해보고 도울 방법을 찾아본다. 눈이 내리면 인도에 쌓인 눈을 치우거나 상점에 갈 때 도움이 필요한 이웃이 있는지 생각해본다. 주위 사람이 도움을 요청하는 것을 인식하도록 부모가 이끌어주면 대부분의 아이들은 기회가 생길 때 즐거운 마음으로 타인을 돕는다.

타인이 직면한 어려움을 알려주는 강력한 방법 중 하나는 자원봉사와 지역 봉사 활동이다. 아이가 타인의 고통을 진정으로 이해하지 못하고 자신만의 뽁뽁이에 갇혀 성장하고 있지는 않은지 걱정된다면 노숙자 보호소, 실버타운, 병원 등을 함께 방문하거나 그곳에서 봉사 활동을 해보라. 이때도 각 아이의 나이와 발달단계를 고려해서 혼자 다룰 수 있는 수준의 환경에 노출시켜야 한다. 어쨌거나 아이가 타인의 고통을 인식하고 염려하게 만드는 최고의 방법 가운데 하나는 고통스러운 장면을 직접 목격하게 하는 것이다. 이렇게 일단 점화하기 시작한 인식의 빛은 점차 커지면서 자체적으로 발산하기 시작한다.

또 부모는 자신과 배경이 다른 사람이 참여하는 활동에 관심을 표현함으로써 아이의 관심의 원을 확대해줄 수 있다. 지역사회 및 이웃 아이들과 어울릴 수 있는 스포츠나 기타 활동에 아이를 참여시키는 방법도 있다. 아이는 이러한 방식으로 자신의 울타리 바깥에 있는 사람들을 만날 수 있다. 대부분의 도시에는 국제적 성격을 띤 공동체들이 존재한다. 음식점, 도서관, 예배장소 등을 찾아가 그 공동체 사람들을 만나게 한다. 이국적인 장소를 찾아간 구경꾼이 아니라 이웃으로서 교훈을 배우겠다는 열린 마음을 품고 세상과 다른 방식으로 상호작용하는 태도의 가치를 경험하게 한다.

관심의 원을 확장하는 방법은 한 가지가 아니다. 아이가 알고 있는 사람과 부모가 도와주지 않으면 아이가 생각조차 하지 못할 삶을 살고 있는 사람의 관점과 필요에 눈을 뜰 수 있는 기회를 제공하는 것이 중요하다.

예스 브레인 아이:
아이에게 공감을 가르쳐라

배려하는 뇌를 발달시키는 출발점은 자신의 개인적인 관점을 뛰어넘어 타인의 경험에 대해 생각하는 것이다. 이때는 아이에게 '마음으로 보는 방법'을 가르치는 것이 효과적이다.

공감을 가르치는 방법

다른 '예스 브레인 아이'에서는 자신의 반응과 자기의 내면에서 일어나는 현상에 주의를 기울이는 방법에 대해 주로 설명했다. 여기서는 타인의 내면에서 일어나는 현상을 보는 것에 대해 설명하려 한다.

친구를 보면 겉모습을 볼 수 있다. 그리고 엑스레이가 있으면 친구의 몸 안을 볼 수 있다.	하지만 마음으로도 누군가를 볼 수 있다는 사실을 알고 있는가? 행복한지, 슬픈지, 화가 났는지, 흥분했는지 등 상대방이 어떻게 느끼는지 감지할 때 그렇다.

마음을 사용해서 누군가를 볼 때는 얼굴뿐 아니라 몸에도 주의를 기울인다. 신체 언어만 보고서 이 남자아이가 어떤 기분인지 알 수 있는가?	남자아이의 이름은 카터다. 카터가 슬퍼 보인다고 생각했다면 맞다. 카터는 학교에서 덩치가 더 큰 아이들이 자기를 못살게 굴고 밀쳤기 때문에 슬퍼하고 있다.

245

카터는 자신이 슬프다고 누나인 로티에게 결코 말하지 않았다. 하지만 로티는 마음으로 보고 카터가 슬프다는 사실을 알 수 있었다. 로티는 남동생의 감정을 알아차렸고 마음이 아팠다.

로티는 마음으로 보았으므로 카터에게 실제로 무슨 일이 있었는지 확인해야 한다고 생각했다. 그래서 남동생의 감정이 어떤지 물었고, 두 아이는 괴롭히는 아이들을 어떻게 다뤄야 할지 엄마에게 조언을 구하기로 했다.

다음에 주위 사람이 아파할 때는 마음으로 보라. 그 사람이 무엇을 느끼는지 주의를 기울여라. 그 사람의 내면에서 일어나는 현상을 감지할 수 있다면 무엇을 해야 할지도 아마 알 수 있을 것이다.

예스 브레인 아이들의 비밀

예스 브레인 부모:
부모의 공감을 키워라

앞에서는 타인에 대한 관심과 배려를 표현함으로써, 아파하는 사람을 사랑하고 연민하는 능력을 더욱 심화할 수 있도록 아이에게 공감의 언어를 가르치는 방법을 설명했다. 여기서는 주위 사람이 견디기 힘든 상황에 빠졌을 때 어른인 부모의 입장에서 반응하는 방법을 소개하려 한다. 이때는 타인의 감정을 이해하기 위해 손을 내미는 동시에 자아를 분리시키는 것이 중요하다. 온정적인 공감의 중심은 통합이고, 연구 결과를 검토하더라도 타인의 고통을 자신의 고통으로 지나치게 동일시하지 않으면서 도움의 손을 뻗을 때 타인을 배려하는 한편 마음의 평정을 유지할 수 있다. 자아를 분리시키지 못한 상태에서 감정적으로 공명하면 자신의 에너지를 소진할 뿐 아니라 마음을 닫아버리게 되므로 결국 타인을 도울 수 없다.

공감을 키울 때 중요한 점은 스스로 해야 한다는 것이다. 연구자들은 이 개념에 '자기연민self-compassion'이라는 명칭을 붙였다. 이는 자신에게 가혹하지 않고 너그러우며 자신을 지지하는 방법을 뜻한다. 부모가 자신에게 너그러운 태도를 본으로 보이면 아이도 그러한 태도를 지니도록 가르칠 수 있다.

자신에게 공감하는 것은 긍정적인 태도이지 훈육이 부족하다거나 낮은 기대수준을 드러내는 것이 아니다. 친한 친구와 대화하는 방식을 생각해보자. 마음을 열고 관심을 쏟으면서 친구의 말에 귀를 기울인다. 가치를 판단하지 않고 그저 옆에 앉아 친구가 하는 말을 들으며, 친구에게 다정한 태도와 연민을 보여준다. 다정한 태도는 상대의 취약성을 존중하고, 대가를 바라지 않으면서 상대를 지지하는 모습이다. 연민은 타인의 고통을 느끼고 상대방의 기분을 북돋아주는 방법을 생각하며 고통을 덜어줄 수 있는 조치를 취하는 것이다. 실수한 친구에게는 이렇게 말할 수 있다. "나도 그런 실수를 한 적이 있어." "누구나 이따금씩 하는 일이야."

심리학자 크리스틴 네프Krinstin Neff는 자기연민의 세 가지 주요 측면으로 '마음챙김, 배려, 더욱 큰 인류의 일부라는 사실의 인식'을 꼽았다. 공감의 세 가지 요소를 부모 스스로 발달시키면 아이에게도 내적 온정과 연민을 가르칠 수 있다. 부모라면 아이가 가장 친한 친구에게 하듯 자기 자신을 배려하고 지지할 수 있기를 바라지 않겠는가? 이것이 평생 나 자신에게 공감을 형성할 수 있는 예스 브레인 방법이다.

Chapter 6

세상을 바라보는
새로운 관점

삶에서 성공한다는 것은 어떤 의미일까? 이 책에서는 예스 브레인 성공이라고 설명했다. 균형·회복탄력성·통찰·공감의 측면에서 세상과 상호작용할 수 있는 기술과 능력을 쌓고, 자기 모습에 진실하도록 아이를 이끌고 돕는 것이 예스 브레인 성공의 바탕이다. 개방적이고 수용적인 태도로 경험에 접근하는 방법을 발달시킬 때 진정한 성공을 거둘 수 있다. 그러면 새로운 기회와 도전을 환영하고, 호기심과 모험의 가치를 소중하게 생각하며, 역경을 이겨내 자신뿐 아니라 자신의 강점과 열정을 더욱 풍부하게 이해하는 사람으로 다시 태어날 수 있다.

하지만 현실을 똑바로 들여다보자. 이 책에서 제시한 예스 브레인 성공은 현시대의 문화가 지향하는 성공의 정의와는 다르다.

많은 부모와 학교는 내면이 아닌 외부의 모습만 측정하는, 매우 다른 성공을 추구한다. 현대에 들어 우리가 만들어낸 사회와 학교는 실패 가능성과 무능을 강조하면서 두려움으로 가득하며, 경직된 노 브레인 상태로 아동과 청소년을 밀어넣고, 결국 "내 가치를 측정하는 유일하고도 타당한 척도는 내가 하는 일과 내가 달성하고 성취하는 것뿐이다"라고 말하게 만든다. 이것이 노 브레인 사고다. 탐험적 관점이나 대안, 즉 삶의 여정뿐 아니라 목적지까지 바뀔 수 있다는 시각에 마음의 문을 굳게 닫아버려서, 결국 균형과 회복탄력성, 통찰, 공감을 전혀 이끌어내지 못한다.

하지만 이러한 종류의 노 브레인 사고가 곧바로 실패를 낳는 것은 아니다. 사실 외부적인 성취를 달성하는 데 집중하면 외형으로 측정되는 '성공'은 달성할 수 있다. 오늘날 매우 많은 사람이 그렇듯 좋은 학교 성적, 스포츠와 예술에서 쌓은 성취, 교사와 다른 어른 사이에서 구축한 인기를 바탕으로 성공을 평가하면 특히 더하다. 성공의 외부적인 척도, 즉 가시적인 목표는 이러한 유형의 성공을 이룰 수 있게 해준다. 자신의 진정한 모습을 발견하고, 삶의 기쁨과 만족을 얻기 위해 위험을 무릅쓰거나 새로운 것을 시도하지 않고, 타인이 만들어놓은 기존 규칙을 따르며 전력질주하기 때문이다. 경직된 태도로 관례와 현상에 매달리는 것이 교사와 다른 권위자들에게 금메달을 받는 가장 확실한 길일 때가 많다.

하지만 금메달은 아이들에게 최상의 목표가 아니다. 부모가 추구해야 하는 핵심 목표는 타인을 만족시키도록 아이를 돕는 것이 아니다. 탐색, 상상력, 호기심 등 예스 브레인의 모험심에서 우러나오는 의미와 흥분이 목표에서 제외되어 있을 때는 더욱 그렇다. 물론 부모는 아이가 타인과 잘 지내고 다양한 상황에서 편안하게 행동할 수 있는 사회성을 배우길 바라는 만큼이나, 아이가 학교와 다양한 활동에서 두각을 나타내길 바란다. 하지만 일류 사립 고등학교에 다니는 엄청나게 경쟁심 강한 학생이든, 아무런 혜택도 받지 못한 채 버려졌다는 생각에 빠져 나아갈 방향을 잃고 교육 시스템에서 살아남기 위해 버둥거리는 학생이든, 금메달을 따서 타인을 만족시키는 것은 궁극적으로 삶의 목표가 될 수 없다. 이러한 종류의 외적 동기부여가 자신에게 가장 중요한 결정을 내리는 근거가 되어서는 안 된다.

오히려 자신의 진정한 모습을 발견하고, 자신에게 가장 중요하면서 성취감을 안겨주는 요소를 스스로 찾아야 하지 않을까? 무엇이 삶의 의미와 유대감, 평정심을 제공하는지, 무엇이 자신에게 진정한 행복을 안겨주는지 스스로 찾게 해야 하지 않을까? 아이들은 그 과정에서 훌륭한 성과를 거둘 것이고, 아마도 합당한 몫만큼 지지와 포상을 받을 것이다. 이처럼 아이에게 동기를 부여하는 요소는 부모나 타인을 만족시키는 데서 나오지 않고 내면에서 나올 것이다.

그렇다면 어떻게 해야 내면에서 우러나온 진실한 성공을 거두도록 도울 수 있을까? 먼저 각 아이의 본모습을 인정하고 존중하는 것부터 시작해야 한다. 아이에게는 저마다 특유한 기질과 다양한 경험이 결합한 내면의 불꽃이 있다. 그 불꽃을 키워서 행복하고 건강한 '최고의 모습'을 갖추도록 아이의 내적 동기를 북돋아 주어야 한다. 노 브레인 상태에서 나타나는 대응성은 호기심을 차단하는 동시에 각 아이의 내면에서 불타고 있는 불길을 끄겠다고 위협한다. 이와는 현저하게 대조적으로 예스 브레인 상태는 유연성과 회복탄력성 같은 강점을 북돋울 환경을 형성하므로 아이만의 특유한 불꽃을 점화시켜 타오르게 할 수 있다.

○
에우다이모니아:
내면의 불꽃을 존중하라

내면의 불꽃이라는 개념은 고대 그리스의 에우다이모니아까지 거슬러 올라간다. 1장에서 설명했듯 에우다이모니아는 의미와 유대, 평정으로 가득한 삶을 가리키며, 단어 자체로 예스 브레인 상태를 의미한다. 그리스어로 접두사 에우eu는 '진실한' 또는 '좋은'을 뜻하고, 다이몬daimon은 모든 사람에게 진정한 내면의 불꽃이나 자아가 있다는 뜻이다. 작가인 엘리자베스 레서Elizabeth Lesser는 이를 가리켜 내면의 정수, 즉 '사람마다 특유하게 내재한 강하고 빛을 발하는 특징'이라고 말했다. 부모는 아이 특유의 불꽃인 다이몬의 수호자가 될 수 있다. 에우와 다이몬을 결합하면 에우다이모니아가 된다. 이는 곧 자신만의 특유한 내적 정수를 인정하고 존중하는 태도를 지닐 때 생기는 진실하고 훌륭한 삶의 자질을 가리킨다.

궁극적으로 부모라면 아이가 어른으로 성숙해가면서 내적 정수를 인식할 때 동반하는 모든 혜택을 경험하기를 바라지 않겠는가? 레서는 이렇게 말했다. "자신의 진실성과 접촉하는 사람은 비슷한 특성을 보인다. 그들은 모두 부드러우면서 강하다. 타인이 자신을 어떻게 생각할지를 놓고 지나치게 걱정하지 않으면서도 타인의 웰빙에 지대하게 관심을 쏟는다. 자기 자신과 긴밀하게 접촉하기 때문에 모든 사람을 향해 마음의 문을 연다." 예스 브레인 성공을 정말 아름답게 묘사한 글이다. (마치 에우다이모니아라는 단어가 예스 브레인을 위한 그리스어 같지 않은가!)

예스 브레인 양육 방식은 아이가 내면의 정수에 접촉하면서 진실한 내면의 나침반을 발달시키도록 돕는 것이다. 레서의 현명한 표현을 빌리자면, 내면의 지침을 강하게 인식하고 존중하는 사람은 "편안함을 느끼고, 가장하지 않고, 무엇도 과한 법이 없고, 온전함을 느낀다". 다음과 같이 솔직하게 말하며 아이를 양육할 수 있을지 생각해보라. "종국에는 뇌세포와 더불어 너도 알게 될 거야. 네가 믿을 수 있는 유일한 것은 진실한 자아라는 사실을."

이러한 예스 브레인 양육 방식은 아이에게 내면의 힘을 부여함으로써 진실한 내면의 안내자를 이끌어 에우다이모니아 상태를 발달시킬 수 있도록 돕는다. 내면의 불꽃은 고정된 독립체가 아니다. 절대 바뀌지 않는 내면의 정수란 없다. 따라서 우리가 내적 동기부여에 집중하고 진실한 내적 경험을 존중하며 살아갈 수 있다는 개념을 수용하느냐가 중요하다. 진실하고 진정한 내면의 정수와 연결되어 에우다이모니아를 누리며 살아가는 삶은 의미와 유대, 평정으로 가득하다. 의미는 진정으로 중요한 요소를 인식하는 것이다. 유대는 자신과 타인에게 마음을 열고 의사소통하는 것이다. 평정은 감정적인 평형 상태를 달성하고 모든 감정을 느끼며, 풍부한 내면의 삶과 더불어 사는 삶 사이에서 균형을 이루면서 자신의 현재 모습과 미래 모습을 구성하고 포용하는 것이다.

예스 브레인 접근법을 사용하면 이러한 종류의 성공적인 삶을 살도록 아이를 안팎으로 준비시키고, 의미와 가치를 깨닫는 내적 나침반으로 작용할 내면의 과정을 깊이 인식하게 도와줄 수 있다. 예스 브레인 접근법은 궁극적인 목적지에 초점을 맞추지 않고 내면의 여정에 가치를 둔다. 결과보다 과정을 중요하게 생각하고, 단순히 외부적으로 측정할 수 있는 성취가 아니라 훈련받은 노력과 탐색을 추구하라고 격려한다. 일률적인 정의의 성공을 강요하면 이러한 일들이 일어날 수 없다. 따라서 부모는 아이가 자신의 참모습을 발견하고 자신의 재능과 욕구에 맞는 방식으로 성공할 수 있도록 도와야 한다.

성공의 재정의

이제 아이에 대해 생각해보자. 당신은 아이를 위해 궁극적으로 무엇을 원하는가? 부모는 누구나 아이가 행복하고 성공하기를 바라는데 그것은 실제로 무슨 뜻일까? 금메달이라는 외적인 보상, 예를 들어 좋은 학교 성적, 음악상, 운동 분야의 성취를 거둔다고 해서 잘못된 것은 없다. 하지만 성공의 진정한 의미를 매우 제한하는 것이 문제다. 금메달이라는 구체적인 성취에만 초점을 맞추는 바람에 아이와의 유대를 잃고 예스 브레인의 내적 나침반을 발달시키지 못할 뿐 아니라, 아이가 타인의 기대에 끌려다니도록 방치하는 부모가 너무나 많다. 우리는 이러다가 부모들이 큰 대가를 치르게 될까 봐 걱정하고 있다.

이 책에서 성공의 확장된 정의를 주장하는 까닭도 이 때문이다. 예스 브레인 성공은 외부적인 성취와 금메달을 획득할 여지를 남기면서도 균형과 회복탄력성, 통찰, 공감을 바탕으로 아이의 내적 나침반을 발달시키는 장기 목표를 항상 염두에 둔다. 궁극적으로 통합되고 뇌를 발달시켜서 풍부한 관계로 연결된 삶을 살도록, 세상과 의미 있게 상호작용하면서 감정적 평정을 달성할 수 있도록 한다. 달리 표현하면 예스 브레인 상태는 아이가 성공을 달성하지 못하거나 좋은 성적을 거두지 못하도록 방해하지 않는다. 오히려 단기적으로든(불안과 대응성의 증가 형태로든) 장기적으로든(균형·회복탄력성·자기이해·공감의 부족 형태로든) 노 브레인 상태에 따르는 수많은 대가와 불리한 점을 피할 수 있도록 도와준다. 그리고 아이의 모습이나 필요에 부합하지 않는 목표를 외부에서 강요하지 않고 삶의 여정 그 자체에 초점을 맞춘다.

지금까지 이 책을 읽었다면 이미 예스 브레인 개념에 흥미를 느끼고 있을 것이다. 또 아이에게 건강한 자의식, 강력한 관계를 발달시킬 능력과 자발성, 주위 사람을 향한 배려, 살아가며 불가피하게 맞이하는 고통과 후퇴, 옳은 일을 실천하면서 의미 있고 중요한, 심지어 모험이 넘치는 삶을 살아가려는 욕구를 키워주는 데 관심이 많을 것이다. 다시 말해 무엇이 자신에게 기쁨과 성취감을 안기는지, 어떻게 자신의 독특한 재능과 능력을 활용할 수 있는지를 스스로 발견할 수 있도록 아이에게 내재된 불꽃을 키워주고 싶을 것이다. 이것이 바로 진정한 성공의 모습이다.

하지만 우리가 직접 아이를 양육하고 있기도 하고 매년 수천 명의 부모와 대화하다 보니, 성공에 대한 다른 정의에 현혹되기 쉽다는 걸 매 순간 깨닫는다. 예스 브레인 관점으로 양육하는 데 전념하더라도 가끔씩 주위 사람과 두려움에 많은 영향을 받는다. 아이의 성공이 곧 부모 자신의 성공이라 믿으면서 아이를 통해 대리만족하려는 유혹을 느낄 수도 있다. 많은 공동체가 성과와 성취에 높은 가치를 부여하기 때문에 즐겁고 의미 있는 삶으로 이끄는 예스 브레인 원칙에 집중하기가 어렵다. 예를 들어 아이가 매우 어릴 때는 균형 잡힌 생활방식의 중요성을 거론하면서 지나치게 빽빽한 일정의 덫을 피하고 아이에게 휴식 시간을 많이 주는 것이 가능하다. 하지만 아이가 성장하면 바람직한 판단이 경쟁에 밀려 흐려지기 쉽다. 충분히 밀어붙이지 않는 것이 아이에게 오히려 해가 된다고 걱정하느라 예스 브레인 원칙이 뒷전으로 밀려나고, 이웃이나 아이가 다니는 학교의 문화적 규범과 기대에 쫓겨 무너진다. 결과적으로 많은 부모, 심지어 좋은 의도를 가지고 아이를 배려하는 부모조차도 성공의 쳇바퀴에 갇혀

성공의 쳇바퀴

외부에서 진정한 성취라고 부르는 성공에 보조를 맞추기 위해 자신과 아이와 가족 전체에 더 빨리 뛰라고 강요한다.

많은 부모가 의식하지 못하는 사이에 모호하고 미덥지 않으며 외형에 근거한 가정을 받아들인다(예컨대 '일류 대학교에 입학하면 성공이 보장된다' 같은). 따라서 비슷하게 모호하고 미덥지 않은 신념(예컨대 '숙제를 많이 할수록 배우는 것이 많다' 같은)을 받아들이는 방향으로 점차 행동한다. 일부 부모는 빚을 내서까지 개인 과외 교사를 고용하고, 아이들이 '다재다능'해지거나 '합당한' 학교에 입학할 확률을 높일 수 있는 기회라면 물불 가리지 않고 잡는다. 많은 경우 아이가 걷고 말하자마자, 심지어 그 전이라도, 이러한 욕구에 이끌려 결정을 내린다. 이때부터 가정생활은 체계적으로 짜인 일정, 능력계발 활동, 언어 프로그램, 전문교육, 여름학교 등에 매이기 시작한다. 휴! 아이를 지치고 버겁게 하는, 파괴적인 영향을 미치기까지 하는 쳇바퀴를 생각해보라! 다음은 무엇이 기다리고 있을까? 정해진 일정을 정신없이 쫓아다니느라 받는 스트레스에 아이가 잘 대처할 수 있도록 명상수업까지 일정에 끼워넣지 않을까?

이 말에 공감하는가? 그렇다면 당신만 그런 것이 아니다. 세상 부모들은 외형으로 측정하는 성공의 좁은 정의를 향해 자신과 아이를 무자비하게 몰아가는 생활방식과 문화에 지쳤으며 억눌리고 있다고 느낀다. 아이를 보호하겠다는 애초의 동기에는 확실히 공감할 수 있지만, 슬프게도 이 좋은 의도가 빗나가서 오히려 부모를 혼란에 빠뜨리고 있는 것이다. 부모는 탄탄한 자의식으로 무장하고 세상에 나아갈 준비를 갖추지 못한 아이의 모습을 보면서 혼란스러워한다. 쳇바퀴는 노 브레인 상태의 성과와 성취를 향하도록 가족과 학교(부모에게 두려움을 일으키고 이를 이용하는 사업을 포함해서)를 밀어붙인다. 연구 결과만 보더라도 아이가 성장하는 데 실제로 필요한 요건에서 완전히 벗어나게 만든다. 일부 유

예스 브레인 아이들의 비밀

아원은 윗도리 지퍼를 올리지 못하거나 스트링치즈의 포장지조차 까지 못하는 나이의 아이들에게 유치원에 입학할 준비를 시킨다면서 숙제까지 내준다!

오늘날 수많은 전문가들의 주장에 따르면 뒤처진 학생들은 말할 것도 없고 '성공적인' 학생들 사이에서도 불안과 우울증이 급속하게 퍼지고 있다. 성취와 외적 동기를 지나치게 강요받은 결과 많은 아이가 어린 시절에 자유롭게 발달하고 탐색하면서 스스로 발견하고 성장할 시간을 갖지 못한다. 부모와 타인의 기대를 만족시키려고 노력하면서 스트레스와 불안에 시달리고 있으며, 에우다이모니아를 경험하지 못할 뿐 아니라 1등을 할 때도 자신이 부적합한 존재라고 느낀다. 외적 기준으로 성공을 가늠하면 삶의 의미와 진정한 중요성이 사라지고 만다. 배우는 것을 좋아하고, 가르침을 받아 행복해하고, 놀이와 탐색을 통해 배울 기회를 잡아야 하지만, 오늘날 많은 학생은 그 대신 학교에서 겪는 경험과 활동에 짓눌리고 버거워한다. 외적 동기부여에 지나치게 초점을 맞추면 가정생활에 영향을 미치고 예스 브레인 상태를 파괴해 호기심, 창의성, 학습을 향한 사랑을 유지시키는 내면의 불꽃을 꺼뜨린다. 이러한 태도가 어린 시절과 삶에 대한 '예스' 접근 방식을 잠식하는 위협 요소라고 말하더라도 전혀 과장이 아니다.

우리가 많은 부모와 대화하다 보면 외부에서 아이에게 부과하는 과제의 양에 동의하지 않을뿐더러 아이가 지나치게 빽빽한 일정을 소화하느라 버거워한다고 말한다. 그들은 아이가 정신없이 바쁘게 경쟁하듯 일정에 매달리는 것이 옳지 않다고 생각한다. 연구 결과를 보더라도 숙제는 일정량을 넘어서면 아이들에게서 충분한 잠을 뺏기만 할 뿐 거의 효과가 없다. 하지만 부모는 두려움 때문에 쳇바퀴에서 내려오지 못한다. 우리 아이가 학습량을 소화하지 못하는 유일한 학생이 될까 봐, 우수한 성적을 거두지 못할까 봐 두려움에 쫓긴다. 이는 아이에게 옳은 일을 해주고 최대한 기회를 만들어주고 싶어 하는 부모의 마음에서 기인한다. 한 아버지는 "연구 결과에 대해 들었습니다. 그래서 내가 아들에게 하라고 요구했던 것들을 취소하고 싶어요. 하지만 현실을 보세요. 나는 아들의 미래를 놓고 도박을 하고 있는 셈입니다. 나는 정말 그런 도박은 하고 싶지 않아요"라고 말했다.

하지만 부모들은 아이에게 가장 좋은 것을 준다는 명목으로 미래의 선택사항을 '보호'하고, 아이를 '성공'시키기 위해 아이의 일정을 계속 채워가며 밤을 새워 공부하게 한다. 그렇지만 얄궂게도 이는 아이에게 성장형 사고방식을 심어주지도 못하고, 힘든 시기에도 도전에 맞부딪칠 수 있는 투지를 발달시키도록 도와주지도 못한다. 아이가 예스 브레인 경험에 집중하도록 시간을 주지 못하는 것이다. 대신 아이에게 줄 수 있는 최고의 혜택은 예술, 운동, 공부 등에서 특정 기술을 숙달하게 하는 것이라 가정하면서 아이에게 '모든 이점'을 안기지 못할까 봐 걱정한다. 결과적으로는 우리가 주장한 대로, 아이에게는 진정한 성공을 달성하고 내면의 평화와 기쁨을 누리게 해줄 놀이, 상상력, 탐색, 자연에 할애할 시간도 여지도 없어지고 만다.

티나는 자신이 성공의 쳇바퀴를 돌고 있다는 사실을 깨닫게 해준 수년 전 사건을 생생하게 기억한다. YMCA에서 열리는 '엄마와 음악과 나'라는 수업에 두 살짜리 아들과 출석하려고 막 집을 나서려던 참이었다. 아들은 거실 바닥에서 겹겹이 포개지는 컵들을 가지고 정신없이 놀고 있었다. 수업에 늦을 것 같았고, 아들이 좋아하는 놀이를 중단시키려고 실랑이를 벌여야 한다고 생각하자 좌절감이 밀려왔다.

하지만 실랑이를 벌이기 전에 티나는 '능력계발' 수업 시간에 늦지 않으려는 자신의 강렬한 욕구를 느끼고 자제했다. 아들은 이미 플라스틱 컵을 가지고 놀면서 충분히 능력을 계발하고 있었기 때문이다. 티나는 이내 가방을 내려놓고 아들 옆에 앉았다. 그러면서 아들의 호기심을 함께 탐색하며 겹겹이 포개지는 마술 같은 물건에 감탄했다. 티나가 염려했던 실랑이는 전혀 필요하지 않았다. 물론 경우에 따라서는 아이가 자기 방식대로 행동하도록 놔두면 안 된다. 물론이다. 어린 시절에 배워야 하는 중요한 교훈 중 하나는 자신이 원한다고 해서 언제나 얻을 수 있는 것은 아니라는 점이다. 우리는 이 사실을 책에서 누누이 강조했다. 하지만 티나가 겪은 사례에서는 어린 아들과 실랑이를 벌일 이유가 없었다. 엄마와 아들이 바닥에 함께 앉아 놀이를 하는 순간이 YMCA에서 다른 아이들과 함께 동요 몇 개를 부르며 얻는 지식보다 훨씬 가치가 있었기 때문이다.

우리는 아이와 이렇게 교감할 기회를 놓칠 때가 많다는 사실을 인정한다. 모든 부모가 그렇다. 너무 바빠서 그 순간 아이가 필요로 하는 욕구에 주의를 기울이지 못하거나, 아이의 관심사를 공유하지 못하고, 아이가 관심을 쏟는 대상을 탐색하고 발견하는 기쁨을 함께 누리지 못할 때가 있기 때문이다. 이따금씩 아이의 삶을 풍부하게 해주려고 너무 애쓰는 나머지 아이의 내면에서 무슨 일이 벌어지고 있는지 주의 깊게 보지 못하기도 한다. 부모가 아이 곁에 있어주거나 아이에게 실제로 필요한 것이 무엇인지는 생각하지 못하고, 무언가를 성취하는 데 더욱 급급하다는 뜻이다. 앞에서 인용한 사례에서 티나는 자신을 자제하고 쳇바퀴에서 내려올 수 있었다. 그렇게 하면서 아들이 가진 내적 호기심의 불꽃을 되살리고, 일정에 매달렸다면 결코 터득하지 못했을 방식으로 어린 아들과 유대감을 형성하는 보상을 받았다.

아이답게 놀아야 한다는 근본적인 필요를 인정받지 못하고, 첼로 레슨, 배구 교실, 방과 후 공부 프로그램을 쫓아다니느라 어린 시절을 보내고 나면 아이는 상당한 대가를 치러야 한다. 어린 시절 내내 꾸준히 드러내도록 격려받고 발달시켜야 하는 호기심과 열정이 대부분 억제되면서 닫히기 시작하기 때문이다. 부모가 최고의 의도를 품었더라도 과외 수업과 활동은 결국 아이의 성장하는 뇌와 정신에 역행해 실제로는 진정한 자신의 발견과 성장, 목표 설정, 행복 추구, 자기이해를 제한한다. 부모가 기울인 노력이 전혀 예측하지 못한 방식으로 역효과를 낳아 아이가 정말 잘하고 즐겼을 활동을 싫어하게 만든다.

많은 부모가 그처럼 아이를 사랑하고 좋은 의도를 품고서도 이렇게 행동하는 까닭은 무엇일까? 외적 목표는 밖으로 드러나 구체적으로 측정되기 때문이다. 우리는 외적 목표를 달성하면서 승리감을 맛볼 수 있고, 심리학자가 말하는 작인作因, 다시 말해 선택과 행동의 근거를 얻으며, 스스로 역량이 강해졌다고 느낄 수 있다. 그래서 부모는 방향을 선택하고, 아이를 그 방향으로 이끌고, 아이가 목표를 추구했는지 확인할 수 있다. 반면에 내적 목표, 즉 감정을 조절하고 회복탄력성을 구축하는 기술을 습득하고, 내면의 세계를 인식하면서, 호기심·연민·창의성을 향한 욕구를 불사르고, 타인에 대한 관심과 통찰을 북돋는 것은 모두 아이의 내적 특성으로서 밖으로 드러나지 않을 때가 많다. 내적 목표는 사회·감성 지능의 주요 요소로서 투지와 회복탄력성을 형성할 수 있지만, 눈으로 확인하거나, 심지어 측정하기는 더 힘들다. 따라서 우리는 자주 쉬운 길을 선택한다. 외적 성공이라는 쳇바퀴에 올라타서 외적 목표를 달성하기 위한 극심한 경쟁에 뛰어들고, 자신이 추구할 수도 있었던 내적 목표를 의식하지도 못한 채로 잃어버린다.

그렇다면 무엇을 측정할 수 있을까? 평균 학점, 표준화시험 점수, 대학 입학 허가 등이다. 이러한 목표는 그 자체만으로는 전혀 나쁘지 않다. 하지만 아이의 내적 나침반을 발달시키는 것보다 외적 목표에 더 가치를 두면 깊고 지속적이면서 때로 파괴적인 부정적 결과를 낳는다. 예를 들어 요즘의 청소년은 과거 어느 때보다 불안하고 스트레스에 시달리며 우울하다. 불확실한 세계에 직면해 외적 성취에 초점을 맞추고 균형·회복탄력성·통찰·공감이라는 예스 브레인 기술을 습득하지 못한 채로 성장하면, 자신을 기다리고 있는 세상에서 마주할 역경을 제대로 준비하지도 못하고 독립하게 된다.

아이들의 뇌를 다른 활동과 수업에 노출시키는 것 자체가 근본적인 문제는 아니다. 능력계발은 중요한 자아의 일부를 형성해줄 수 있다. 스포츠와 음악 수업 등은 아이들의 사회성, 자기훈런, 자신감과 역량을 키워주는 놀라운 방법이 될 수 있다. 이와 마찬가지로 학교에서 좋은 성적을 거두는 것을 포함해 성취나 숙달의 중요성에 무조건 반대하지는 않는다. 특히 특정 목표를 열정적으로 추구하는 아이의 욕구를 격려하고 싶다. 하지만 이때도 부모는 "무슨 대가를 치러야 할까?" 그리고 "이것이 나와 내 아이를 위한 것일까?"라고 스스로 물어야 한다.

노 브레인 성공을 이루었던 아이

대니얼이 잘 아는 에릭이란 청년은 '노 브레인 성공'과 노 브레인 성공이 동반한 문제를 대표하는 아이였다. 에릭은 일류 대학교를 갓 졸업하고 성공을 향하는 경로에 놓인 장애물을 모두 통과하며 온갖 성과를 거뒀다. 그 전에는 유명한 사립 고등학교에서 탁월한 성적을 거뒀고, 스포츠 경기에서는 스타선수였으며, 봄철 뮤지컬에서도 공연했다. 대학에서도 우수한 성적을 거둬 졸업하는 즉시 모두가 부러워하는 고연봉 직업에 정착했다.

하지만 최근에 대니얼과 대화하면서 에릭은 자신이 어떤 사람인지 모르겠다며 상실감을 드러냈다. 탁월한 교육을 받았고 인상적인 성적을 거뒀으며, 앞으로 자신을 발견하고 발전시켜야 하는 과제가 쌓여 있는데도 회의에 가득 차 있었다. 크면서 자신의 사무실 한쪽을 장식할 만큼 많은 금메달을 땄지만 삶의 목적의식을 찾을 수 없었다.

에릭은 아직 젊기 때문에 자신의 다이몬, 즉 자신이 누구인지 발견하고 예스 브레인을 발달시킬 시간이 많다. 하지만 그토록 많은 재능을 지닌 젊은이가 기쁨과 의미로 가득 찬 삶을 사는 데 엄청나게 중요한 내적 자질을 발달시킬 질문을 이제야 시작한 것은 애석한 일이지 않은가! 에릭은 내적 나침반을 아직 발달시키지 못했고 균형을 잃은 삶을 살고 있었다. 더욱이 자아와 정체성에 관한 질문에 동반하는 실존적 폭풍우를 견뎌낼 회복탄력성이 없었다. 남들이 장래가 촉망된다고 부러워하는 경력을 추구하면서도 과연 자신이 이 직업을 원하는지, 자신이 어떤 생각과 가능성에 흥분하는지 깨달을 통찰력이 없었다.

달리 표현해 지금은 숨어서 다시 점화되기를 기다리고 있겠지만, 분명 에릭이 어렸을 때 감정적으로든 지적으로든 그를 빛나게 해줄 어떤 내면의 불꽃이 타올랐을 것이다. 하지만 안타깝게도 에릭의 부모는 아들의 내적 경험이 아닌 외적 성취에만 초점을 맞췄다. 아들의 아동기, 청소년기에 대한 부모의 양육 방식에 예스 브레인 관점이 거의 없었던 것이다. 에릭에게 내재된 불꽃은 어린 시절 내내 분명한 성공을 가리키는 항목을 달성하는 사

예스 브레인 아이들의 비밀

이에 꺼져버렸다. 결국 에릭은 에우다이모니아를 잃은 상태에서 성인기에 접어들었다. 타인을 만족시키는 방법은 알고 있지만 자신에게 의미 있는 삶을 살기 위해 스스로 헤쳐나가는 기술은 습득하지 못했다. 쉽게 측정할 수 있는 외적 가치와 결과만 소중하게 생각하면 개인의 지속적이고 진정한 성공을 이끌어내는 내적 가치가 희생당하기 마련이다.

다시 말하지만 에릭이 달성한 '성공'이 잘못된 것은 결코 아니다. 우리는 집중적인 학습, 좋은 공부 습관, 일류 대학교에 반대하지 않는다. 하지만 학문과 경력에서 거두는 성취는 성공의 일부에 지나지 않는다고 생각한다. 진실한 행복과 삶의 의미를 발달시키지 않고서도 달성할 수 있는 좁은 의미의 성공이라는 뜻이다.

더욱 안타까운 사실은 이러한 성공 유형이 아이의 진정한 모습과 전혀 맞지 않는다는 것이다. 운동과 거리가 멀고 음악이나 연극에 매진하고 싶어 하는 아들에게 운동하라고 강요하는 지나치게 경쟁적인 아버지와 같은 유형을 주위에서 쉽게 찾아볼 수 있다. 분명히 부모와 다른 목표와 욕구를 지닌 아이에게 학문이나 경력의 달성을 강요하는 것은 문제가 아닐까? 아이가 학교에서 좋은 성적을 받는 데 열정을 느끼며 성장한다면 그 열정을 존중해주어라. 하지만 그때도 균형을 달성하는 건강한 마음 접시를 의도적으로 제공해야 한다. 아이가 자신의 예스 브레인뿐 아니라 다른 부분까지 모두 발달시키도록 도와주어야 한다.

따라서 이제 훈육, 성취, 성공 등의 개념을 재정립해서 뇌와 아이를 최적으로 발달시키는 데 반드시 필요한 요건을 갖춰야 한다. 현대 연구에 따르면 예스 브레인 행복과 행복에 따른 성취감을 포함하는 진정한 정신건강은 엄격한 전문성에서 비롯되는 것이 아니라 다양한 흥미를 추구하는 데서 비롯된다. 이러한 종류의 다양성은 뇌의 다른 부위를 자극하고 발달시켜, 아이의 내면이 성장하고 다른 신경연결이 증가하면서 전체 뇌를 성숙시킨다. 즉, 성장은 예스 브레인 상태에서 최적화한다.

당신은 아이 내면의 불꽃을 키우고 있는가?

책을 끝낼 시점이니 잠시 시간을 할애해 당신 가족이 매일 실천하는 상호작용이 아이의 예스 브레인을 얼마나 잘 키우고 북돋는지 생각해보자. 다음과 같이 자문해보라.

- 자신이 누구인지, 어떤 사람이 되고 싶은지 깨닫도록 아이를 돕고 있는가?
- 아이가 참여하는 활동은 아이 내면의 불꽃을 보호하고 키우는 데

기여하는가? 균형·회복탄력성·통찰·공감을 발달시키는 데 기여하는가?

- 가족의 일정은 어떤가? 아이가 배우고 탐색하고 상상하는 시간을 경험할 여지를 주는가? 아니면 정신없이 일정을 소화하느라 휴식과 놀이에 쓸 시간도 없고, 호기심을 품을 수도, 창조할 수도 없으며, 보통의 아이로 지낼 수 없게 만들고 있는가?
- 마땅한 정도 이상으로 성적과 성취를 강조하는가?
- 무엇을 하는가가 누구인가보다 중요하다고 아이에게 말하고 있는가?
- 더욱 많은 일을 더욱 잘하라고 끊임없이 아이를 밀어붙여 아이와 형성한 관계를 잠식시키고 있는가?
- 언쟁하고, 관심을 기울이고, 시간과 에너지를 투입한다는 것의 가치에 대해 아이와 어떤 방식으로 의사소통하는가?
- 서로 의사소통하는 방식을 생각할 때 아이의 불꽃을 키우는가? 아니면 줄어들게 하는가?

이것은 책 전체에서 거론해온 실용적인 예스 브레인 질문들이다. 자신이 무엇에 돈을 쓰는지, 자신이 소화하는 일정은 어떤지, 아이와 주로 무엇에 대해 언쟁을 벌이는지 자문해보면 스스로 가치를 두고 있다고 생각하는 대상과 실제로 가치를 둔 대상

271

이 일치하지 않는다는 사실을 깨달을 수 있다. 당신이 대부분의 부모와 같다면 아이가 가진 내면의 불꽃을 여러 방식으로 효과적으로 부채질해서 아이가 예스 브레인을 더욱 키우고 활발하게 발달시키도록 촉진하고 있을 것이다. 하지만 가족의 상호작용과 매일의 생활이 아이에게 내재된 불꽃을 키워주지 못하고 오히려 불길을 끄는 위협으로 작용할 수 있다.

꼭 쉽지만은 않겠지만 궁극적으로 우리가 생각하는 대답은 매우 단순하다. 예스 브레인을 발달시키도록 아이를 돕는 데는 두 가지 목적이 있다.

- 부모의 필요, 욕구, 설계를 아이에게 강요하지 말고 아이가 자신의 온전한 모습으로 성장할 수 있게 한다.
- 성장하는 데 필요한 도구와 기술을 구축하기 위해 아이에게 언제 도움이 필요한지 살핀다.

내면의 나침반을 구축하는 데 도움을 주고 삶에서 성공하는 데 필요한 기술을 가르치는 동시에 아이만의 불꽃을 존중하는 두 가지 목표에 집중한다면, 아이는 행복과 의미, 중요성으로 가득한 삶, 즉 예스 브레인의 삶을 달성할 수 있다.

결국 자신이 누구인지 알고, 풍요롭고 온전한 삶을 살 수 있도록 내면의 욕구와 열정을 따를 때 아이는 에우다이모니아와 진정한 성공을 누린다. 따라서 아이가 균형을 잡으며 살아가고, 회복탄력성을 발휘해 역경에 맞서고, 자신을 이해하고 타인을 배려하는 능력을 키우도록 도와주어야 한다. 균형·회복탄력성·통찰·공감은 예스 브레인을 통해 얻을 수 있는 자질이다. 이러한 능력을 발달시키도록 아이를 지지할 수 있다면 아이는 진정한 성공으로 향하는 여정을 시작할 수 있을 것이다. 물론 아이는 여전히 자기 몫만큼 허덕이겠지만(원래 삶이 그러하므로) 크든 작든 역경에 직면했을 때 자신이 누구이고 무엇을 믿는지 명쾌하게 인식하면서 꿋꿋하게 맞설 수 있다.

우리는 예스 브레인 양육법이 부모의 역량을 강화시켜 아이와 유대를 형성하고 의사소통하기를, 그래서 아이가 평생 지속할 회복탄력성과 내적 역량을 발달시킬 수 있기를 마음속 깊이 바란다. 부모가 예스 브레인 상태로 세상을 살아가라고 거듭 북돋아주면 아이는 에우다이모니아를 발달시키고, 타고난 성향을 감지할 내적 나침반을 발달시켜 도전에 직면하더라도 굴하지 않고 한층 열정과 끈기를 발휘할 수 있다.

이러한 태도는 아이가 목적의식을 갖출 때 더욱 강화된다. 이 목적의식은 아이마다 특유하면서도 삶의 여러 단계를 거치면서 바뀐다. 특히 타인을 돕는 것에서 깊은 의미와 유대가 형성된다는 사실을 깨달을 때 생긴다. 자신의 삶뿐 아니라 세상을 함께 살아가는 타인과 새로 시작하는 상호작용에 예스 브레인 접근법을 적용하는 것은 정말 훌륭한 조합이다! 우리는 양육의 길을 걸어가면서 당신이 예스 브레인 개념을 사용해 이러한 힘과 내적 나침반을 발달시킬 수 있기를 바란다. 여정을 즐겨라!

감사의 글

대니얼의 글

티나, 당신과 책을 함께 쓰는 작업은 늘 즐겁습니다. 캐롤라인 웰치Caroline Welch와 나와 함께 멋진 협동 작업을 해준 것에 대해 당신과 스콧Scott에게 감사한 마음을 표현하고 싶습니다. 네 사람이 한 팀을 이뤄 아이디어를 떠올리고 다양한 프로젝트를 실시하면서 세부적인 내용을 정리할 수 있었습니다.

현재 20대인 딸 매디Maddi와 아들 알렉스Alex에게 감사합니다. 우리가 맺은 관계를 마음 깊이 소중하게 생각합니다. 아이들의 호기심, 열정, 창의성 덕택에 삶에 대한 예스 브레인 접근법의 핵심을 깨달을 수 있었습니다.

삶과 일의 반려자인 캐롤라인에게 감사합니다. 우리가 삶을 함께하며 성숙하는 동안 끊임없이 나를 지지하고 영감을 주는 예스 브레인 협력자인 그녀와 맺은 관계에 늘 감사합니다. 가족이 아일랜드어로 대화하며 너무나 재밌는 시간을 보낼 수 있어 행복합니다!

마음보기연구소Mindsight Institute 소속 팀의 지지와 헌신, 독창성이 없었다면 이 책은 세상의 빛을 볼 수 없었을 것입니다. 디나 마고린Deena Margolin, 제시카 드라이어Jessica Dreyer, 앤드루 슐먼Andrew Schulman, 프리실라 베가Priscilla Vega, 케일라 뉴커머Kayla Newcomer에게 감사합니다. 우리가 기울인 모든 노력에 각자 꼭 필요한 역할을 해주었습니다. 모두 힘을 합해 대인관계 신경생물학의 학제 간 접근 방법을 현실에 실용적으로 적용함으로써 내면의 세계와 대인관계의 세계에 웰빙의 토대를 쌓는 데 유용한 통찰·공감·통합 등 마음보기 요소를 발달시키려 노력해주었습니다.

어머니 수 시겔Sue Siegel에게 감사합니다. 어머니는 깊은 지혜와 유머, 회복탄력성으로 우리에게 끊임없이 영감을 주었고, 변함없이 예스 브레인 접근법을 응원해주고 성장시켜주었습니다. 장모님 베트 웰치Bette Welch에게 감사합니다. 거친 삶의 여정을 걸으며 저와 제 아이, 마음보기연구소에 결코 마르지 않는 비전과 지지를 보내주는 강하고 활기찬 예스 브레인 딸을 세상에 태어나게 해주었습니다.

티나의 글

대니얼, 당신과 이 멋진 작업을 함께할 수 있어서 크나큰 영광입니다. 당신을 내 스승으로, 동료로, 친구로 언제나 소중히 여길 것입니다. 스콧과 내가 당신과 캐롤라인과 함께 보낸 시간에 감사합니다. 일로 맺은 의미 있고 재미있고 생산적인 동업 관계만큼이나 당신과 맺은 우정을 소중하게 생각합니다.

벤, 루크, JP에게 감사합니다. 아이들의 특유한 마음, 정신, 유머감각, 열정, 불꽃이 우리 부부와 세상을 크나큰 기쁨으로 채웁니다. 살아가기 버거울 때도 아이들의 예스 브레인 상태는 주위를 물들여 내 마음을 환하게 밝혀주고 세상을 향해 예스라고 말하도록 영감을 줍니다. 아이들 덕택에 세상을 훨씬 더 많이 사랑하게 되었습니다.

균형·회복탄력성·통찰·공감의 삶을 살아가는 스콧에게 감사합니다. 우리 아들들은 아빠에게 방법을 배웠으니 미래에 멋진 아빠가 되리라 확신합니다. 스콧이 쏟아주는 격렬한 사랑에 감사하고, 우리 둘의 동반자 관계가 계속 성장하는 것에 감사합니다.

연결성센터The Center for Connection 소속 팀에 감사합니다. 많은 가정을 돌보기 위해 복잡한 상황과 씨름하는 중요한 작업을 실행할 때 내게 가르침과 영감을 준 것에 따뜻한 애정을 담아 감사하고 싶습니다. 애널리스 코델Annalise Kordell, 애슐리 테일러Ashley Taylor, 앨리 보운 슈리너Allie Bowne Schriner, 앤드루 필립스Andrew Phillips, 아일라 돈Ayla Dawn, 크리스틴 트리아노Christine

Triano, 클레어 펜Claire Penn, 데보라 벅월터Deborah Buckwalter, 데브라 호리Debra Hori, 에스터 챈Esther Chan, 프란시스코 차베스Francisco Chaves, 조지 와이젠빈센트Georgie Wisen-Vincent, 자넬 움프레스Janel Umfress, 제니퍼 심 러버스Jennifer Shim Lovers, 조니 톰슨Johny Thompson, 저스틴 웨어링크레인Justin Waring-Crane, 칼라 카도자Karla Cardoza, 멜라니 도슨Melanie Dosen, 올리비아 마티네즈호지Olivia Martinez-Hauge, 로빈 슐츠Robyn Schultz, 타미 밀러드Tami Millard, 티파니 호앙Tiffanie Hoang에게 감사합니다. 마지막으로, 우리가 이 책에 나오는 개념을 가지고 씨름할 때 감각처리와 신경계를 조절하는 역할에 대해 가르쳐준 제이미 차베스Jamie Chaves에게 특히 감사합니다. 그리고 내가 의지하는 같은 마음의 동료들에게, 가족을 돕고 아이 양육에 대한 생각을 변화시키기 위해 현명한 정신·유머·열정이 필요할 때마다 도움을 주었던 동료들에게 감사합니다. 모나 델라후크Mona Delahooke, 코니 릴라스Connie Lillas, 재니스 턴불Janiece Turnbull, 샤론 리Sharon Lee가 그들입니다. 또 모멘터스연구소Momentous Institute에서 활동하는 여성들인 미셸 카인더Michelle Kinder, 헤더 브라이언트Heather Bryant, 샌디 노블스Sandy Nobles, 모린 페르난데스Maureen Fernandez에게 감사합니다.

내 부모님과 시부모님인 갈렌 벅월터Galen Buckwalter, 주디 램

예스 브레인 아이들의 비밀

지Judy Ramsey와 빌 램지Bill Ramsey, 제이 브라이슨Jay Bryson에게 감사합니다. 그들은 내게 웃음을 안겨주고 변하지 않는 사랑과 지지를 보내주었습니다. 예스 브레인의 삶이 무엇인지 본보기를 보여준 어머니 데보라 벅월터에게 감사합니다. 그리고 돌아가신 아버지 게리 페인Gary Payne을 기립니다. 아버지는 심오한 방식으로 내게 늘 영향을 주고 있습니다.

대니얼과 티나의 글

출판 에이전트인 더그 에이브럼스Doug Abrams에게 감사합니다. 더그가 우리의 말을 따뜻한 마음으로 끈기 있게 들어주었으므로 아이디어를 시험적으로 가동해보고 세상으로 내보낼 용기를 낼 수 있었습니다. 예스 브레인 개념을 공유하겠다는 사명을 열정적으로 품게 해주고, 이 놀라운 여정을 걷는 내내 소중한 친구가 되어줘 감사합니다!

마니 코크런Marnie Cochran은 개념에서 시작해 원고를 완성하기까지 집필 과정 전체를 도와주었고, 우리가 최고의 표현을 담아 책을 만들고자 하는 작업에 언제나 기꺼이 참여했습니다. 우리의 기운을 북돋아주고, 함께 시간을 보내고, 사랑하는 마음으로 진행해온 이 일에 열정을 품어줘 매우 감사합니다.

언제나 그렇듯 메릴리 리디아드Merrilee Liddiard에게 감사합니다. 그녀의 재능과 예술적 감수성 덕택에 우리는《내 아이를 위한 브레인 코칭》,《아이의 인성을 꽃피우는 두뇌 코칭》, 이제《예스 브레인 아이들의 비밀》에서 다룬 개념을 단순히 단어만으로 전달하는 수준을 넘어서서 훨씬 풍부하고 온전하게 표현할 수 있었습니다. 집필 과정에서 영어 교수로서 보유한 기술을 유감없이 발휘해준 스콧 브라이슨Scott Bryson에게 머리 숙여 감사합니다. 또 초기 원고를 읽고 현명한 피드백을 주며 지지해준 크리스틴 트리아노, 리즈 올슨Liz Olson, 마이클 톰슨Michael Thompson에게 감사합니다.

마지막으로 우리가 실시한 임상 실습과 교육 워크숍에 참여해준 모든 부모와 아이에게 감사합니다. 그들은 수용하는 태도를 보여주었고, 옴짝달싹 못 하는 노 브레인 방식이 어떻게 노력과 지도를 통해 자유로운 예스 브레인 상태로 변모할 수 있는지 목격하는 용기를 발휘했습니다. 우리는 동료 여행자로서 회복탄력성과 웰빙을 향한 길을 함께 걸었고, 그러한 특권이 없었다면 이 책을 쓰지 못했을 것입니다.

예스 브레인 간단 메모

대니얼 시겔 박사와 티나 브라이슨 박사

○ 예스 브레인

- 유연하고, 호기심이 많고, 회복탄력성이 있고, 기꺼이 새로운 것을 시도하고, 실수를 하기도 한다.
- 세상과 관계에 개방적인 태도를 취해 타인과 관계를 맺고 자신을 이해하도록 돕는다.
- 내적 나침반을 발달시키고 진정한 성공을 이끌어낸다. 내적 세계에 우선순위를 두고, 뇌가 잠재력을 발휘할 수 있도록 도전하는 방법을 찾는다.

○ 노 브레인

- 실수할까 봐 걱정하면서 반발하고, 두려워하고, 경직되며, 마음의 문을 닫는다.
- 내적 노력과 탐색이 아니라 외적 성취와 목적에 초점을 맞추는 경향이 있다.
- 금메달과 외적 성공을 이끌어낼 수 있지만, 경직되어 인습과 현상에 집착하고, 타인을 만족시키는 데만 능숙해져 호기심과 기쁨을 누리지 못한다.

예스 브레인의 네 가지 근본 원칙

○ **균형: 감정적 안정성, 신체와 뇌의 조절을 추구하는 학습 가능한 기술**

• 아이가 침착하고 자신의 몸과 결정을 통제할 수 있다고 느끼는 그린 존으로 안내한다.

• 아이의 감정이 격해지면 그린 존을 떠나 혼돈스러운 레드 존이나 마음을 닫는 경직된 블루 존으로 들어가버린다.

• 부모는 통합 최적 지점을 찾아 균형을 형성할 수 있다. 균형은 적절하게 분리하고 유대를 형성할 때 생긴다.

• **균형 전략 1** 잠자는 시간을 최대로 늘린다. 충분한 수면을 제공한다.

• **균형 전략 2** 건강한 마음 접시를 제공한다. 가족 일정의 균형을 잡는다.

○ **회복탄력성: 경험이 풍부해서 힘과 명료성을 갖추고 도전에 맞서 나아가는 상태**

• 단기 목표는 균형(그린 존으로 돌아가기)이고, 장기 목표는 회복탄력성(그린 존을 확장하기)이다. 역경에서 다시 일어서는 능력을 키운다.

- 행동은 의사소통이다. 따라서 문제 행동을 없애는 데만 초점을 맞추지 말고 행동에 담긴 메시지에 귀를 기울여 필요한 기술을 구축한다.
- 아이를 밀어붙여야 할 때도 있고 쿠션을 주어야 할 때도 있다.
- **회복탄력성 전략 1** 아이에게 네 가지 S를 쏟아붓는다. 안전safe, 관심seen, 위로soothed, 안정secure을 느끼도록 돕는다.
- **회복탄력성 전략 2** 마음보기 기술을 가르친다. 감정과 상황의 피해자가 되지 않도록 자신의 관점을 바꾸는 방법을 알려준다.

- **통찰 : 내면을 들여다보며 자신을 이해하고, 배운 점을 활용해 좋은 결정을 내리고 자기 삶을 더욱 통제할 수 있는 능력**

- 목격자인 동시에 목격 대상자가 된다. 경기장에서 선수를 관찰하는 관중이 된다.
- 상황에 반응하는 방법을 선택하게 해주는 한숨 돌리기가 중요하다.
- **통찰 전략 1** 고통을 재구성한다. 아이에게 어떤 고난을 선택하고 싶은지 묻는다.
- **통찰 전략 2** 시뻘건 화산의 폭발을 피한다. 아이에게 폭발하기 전에 한숨을 돌리라고 가르친다.

○ **공감 : 각자가 그저 '나'에 그치지 않고 서로 연결된 '우리'의 일부라는 사실을 기억하게 해주는 관점**

- 다른 기술과 마찬가지로 공감도 매일의 상호작용과 경험을 통해 배울 수 있다.
- 타인의 관점을 이해하는 데 필요할 뿐 아니라 상황을 개선하기 위해 가능한 한 타인을 배려하는 태도다.
- **공감 전략 1** 공감 레이더를 미세하게 조정한다. 사회 참여 체계를 활성화한다.
- **공감 전략 2** 공감의 언어를 구축한다. 배려하는 어휘를 가르친다.
- **공감 전략 3** 관심의 원을 넓힌다. 가장 친밀한 영역 바깥에 있는 사람들에 대한 인식을 높인다.